学ぶ人は、
変えて
ゆく人だ。

目の前にある問題はもちろん、

人生の問いや、

社会の課題を自ら見つけ、

挑み続けるために、人は学ぶ。

「学び」で、

少しずつ世界は変えてゆける。

いつでも、どこでも、誰でも、

学ぶことができる世の中へ。

旺文社

大学入試

わかっていそうで，わかっていない

化学の質問

［化学基礎・化学］

84

船登惟希
著

旺文社

はじめに

　大学受験の化学では，①知識を下地としながら，②初見の問題に対応することが求められます。その両方に必要なのが"理解"です。理解できれば長期記憶が可能となる上，はじめて見る問題にも手が出るようになるわけです。

　では，何をもって理解したと言えるのでしょうか。

　残念ながら，高校の範囲で教えられるのは化学という学問のほんの一部分です。そのため，「厳密な説明は大学レベルになるため，こういうものだと覚えましょう」といった説明が多いのが実情です。結果，浅い理解で止まってしまい長期的な記憶も応用問題で点を取ることもできなくない人が少なくなりません。

　そこで本書は，高校範囲かどうかに関係なく，多くの受験生が抱く質問を取り上げて，わかりやすく解説しています。たとえば，

・何のためにやっているかわからない実験操作の目的
・実験器具の使い方に関する注意点とその理由
・似た概念の用語を整理
・式に値を代入するだけで何をしているかわからない計算問題

などです。いずれも，東大生をはじめとする難関大生が一度は疑問に思ったり，つまずいたりしたことがあるトピックばかり。どうして難関大生でもつまずいたかというと，既存の参考書や教科書に明快な回答が載っていないからです。

　今はインターネットで調べればほとんどの疑問は解決します。それでも本書に価値があると言えるのは，自分の中ではモヤモヤだった疑問を言語化し，解決してくれるからです。皆さんも，他の人がする質問を聞いて「確かにそれ，自分もわかってなかった！」と気付かされた経験があるはずです。そんな"活発に質問が飛び交う手のひらサイズの教室"が『化学の質問84』なのです。

　本書が皆さんの勉強の一助になることを心より祈念しております。

船登惟希

本書の特長と使い方

　本書は，高校化学の学習であやふやにしがちな疑問を，本質を突いた解説で効率的に解決できる参考書です。

本冊　まずは p. 4 から始まるもくじ 質問一覧 を見て，掲載されている質問に答えられるかを考えてみましょう。質問は「**わかっていそうで，実はよくわかっていない**」となりがちな事柄を，長年受験生の指導をしてきた先生が厳選したものです。「これはよくわからない……」という質問を見つけたら，その質問のページをめくり，**A 回答** を読みましょう。先生による核心を突いた解説があなたに深い理解をもたらし，得点力を高めてくれます。一方，「これはわかる！」と思った質問についても，本当に正しく理解できているか，**A 回答** を読んで確かめましょう。
質問の末尾には，**類題にチャレンジ**が掲載されている場合があります。これは，**A 回答** の内容を理解できたかを確かめるための問題ですから，回答を読み終えたらすぐに取り組みましょう。

別冊　**類題にチャレンジ**の解答と解説を掲載しています。解説をもとの質問と合わせて読むことで，さらに理解を深めることができるでしょう。

　多くの人が「わかっていそうで，実はよくわかっていない」事柄こそ，大学入試で問われやすく，差がつくポイントです。本書の質問に答えられるような一段上の学力を携えて，入試に臨みましょう。

STAFF　紙面デザイン：大貫としみ（ME TIME）
校正：向井勇揮，細川啓太郎，有限会社 中村編集デスク
本文イラスト：アカツキウォーカー
執筆協力：辻野愛奈
編集：林聖将

もくじ

> 化基 …化学基礎，化学 …化学，
> 化基・化学 …化学基礎・化学 の内容です。

質問一覧

第1章　理論化学

01　物質の構成

02　原子の構造と周期表

6

07 化学反応とエネルギー

08 化学平衡

02　高分子化合物

著者紹介

船登　惟希（ふなと　よしあき）
1987 年，新潟県佐渡島生まれ。東京大学理学部化学科卒業。
東京大学在籍中から参考書の執筆を開始し，現在 20 冊以上の書籍を出版。著書に『宇宙一わかりやすい高校』シリーズ，『高校の勉強のトリセツ』（学研プラス），『高校一冊目の参考書』シリーズ（KADOKAWA）など。現在，医学部・難関大専門「問題演習中心の塾」松濤舎を東京都渋谷で運営。問題演習中心の学習を体系化し，毎年多数の合格者を輩出している。

01　物質の構成

化学基礎

物質の化学変化と物理変化は，何が違うのですか？

A 回答

すべての物質は**原子**からなります。

原子は数千種類存在するといわれています[*]。

[*]「存在するといわれている」と曖昧な表現になっているのは，多くの原子は不安定で一瞬しか存在することができず，まだ存在が証明されていないからです。

　原子を陽子の数で分類したものを**元素**といい，約110種類あります。つまり，数千種類の原子は，陽子の数によって約110種類の元素にグループ分けされているということです。元素名とはグループ名のようなものと考えて結構です（図1）。

図1　元素と原子の関係

　たとえば，陽子が8個の原子には，中性子を8個有する原子のほかに，中性子を9個，中性子を10個有する原子も存在しますが，すべて酸素元素とよばれます。ほぼ同じ性質をもつので，同じ元素として分類されているのです。

$$
\begin{array}{l}
\text{3つとも} \\
\text{酸素元素！}
\end{array}
\left\{
\begin{array}{ll}
^{16}\text{O} & \text{陽子8個・中性子8個} \\
^{17}\text{O} & \text{陽子8個・中性子9個} \\
^{18}\text{O} & \text{陽子8個・中性子10個}
\end{array}
\right.
$$

さて，物質は，その構成要素である**元素の種類や結合の仕方**で決まります。元素の種類，あるいは結合の仕方が変わり，物質そのものが変化することを**化学変化**といいます。

ここでいう「結合の仕方」とは，「共有結合，イオン結合，金属結合のどれか？」ということではなく，原子の結びつき方を指します。

たとえば，黒鉛とダイヤモンドはどちらも炭素元素だけからなりますが，下の図2のように結合の仕方が異なるため別の物質となります。よって，黒鉛からダイヤモンドへの変化は化学変化です。

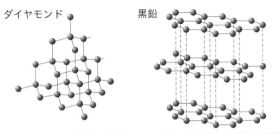

ダイヤモンド	黒鉛
正四面体型の立体網目構造	正六角形型の平面網目構造が積み重なっている

図2　ダイヤモンドと黒鉛の結合の仕方

一方で，物質を構成する元素の種類や結合の仕方が変わらない変化を**物理変化**といいます。たとえば，水 H_2O が気体，液体，固体に変化することを状態変化といいますが，水 H_2O を構成する元素の種類も結合の仕方も変わりません。よって，状態変化は物理変化のひとつなのです。

原子と元素の違いがわかりません。

A 回答

質問 01 でも少し触れましたが，原子と元素は，区別して理解しなければなりません。

たとえば，陽子が 8 個で中性子が 8 個の原子，陽子が 8 個で中性子が 9 個の原子，陽子が 8 個で中性子が 10 個の原子はいずれも**別の原子**ですが，**すべて酸素という同じ元素**に分類されます。

$$
\begin{array}{l}
\text{3 つとも} \\
\text{酸素元素！}
\end{array}
\left\{
\begin{array}{ll}
^{16}\text{O} & \text{陽子 8 個・中性子 8 個} \\
^{17}\text{O} & \text{陽子 8 個・中性子 9 個} \\
^{18}\text{O} & \text{陽子 8 個・中性子 10 個}
\end{array}
\right.
$$

同じ元素に分類される原子のうち，中性子の数が異なる原子どうしを同位体とよびます。よって，^{16}O，^{17}O，^{18}O は互いに同位体です。

まとめると，原子とは陽子と中性子と電子からなる粒子のことであり，元素とは陽子の数が同じ原子の総称と理解しましょう。

類題にチャレンジ 1

解答 → 別冊 p.4

次の文章を読み，下の問 1・問 2 に答えよ。

質量数とは原子核の中の（A）と（B）の数の和である。「質量数が 12 の ^{12}C 1 個の質量を 12 とする」という基準により求めた（あ）の質量を（C）という。この値は，（あ）の質量数にほぼ等しい。同じ（い）に属していても，原子核に含まれる（B）の数が違う（う）が存在する。これらの（う）を互いに同位体という。（え）を構成する各同位体の（C）に存在比をかけて求めた平均値を（お）の原子量という。たとえば，塩素の原子量は，質量数 35 と質量数（D）の同位体の近似的な存在比 3：1 から，35.5 と求められる。

問 1　（あ）〜（お）には「元素」「原子」のどちらかが入る。より適切な語句を書け。
問 2　（A）〜（D）に当てはまる語句または数値を書け。

（京都工芸繊維大）

質問 03

同素体と同位体の違いがわかりません。

 回答

同素体とは？

　<u>同じ元素からなる単体</u>で，性質の異なる物質のことです。「ダイヤモンドと黒鉛は同素体である」といった使い方をします。

　高校化学で覚えておくべき同素体の一覧を，表にまとめました。

元素名	元素記号	同素体の例
硫黄	S	斜方硫黄 S_8，単斜硫黄 S_8，ゴム状硫黄 S_x
炭素	C	ダイヤモンド，黒鉛，フラーレン C_{60}，カーボンナノチューブ
酸素	O	酸素 O_2，オゾン O_3
リン	P	黄リン P_4，赤リン P_x

　単体であることがポイントです。たとえば，CO_2 と CO は単体ではないので，同じ元素からなりますが，同素体ではありません。

同位体とは？

　<u>陽子の数が同じで，中性子の数が異なる原子</u>を，互いに同位体といいます（→質問 02）。周期表の<u>同じ位置</u>にあるため，同位体といいます。

類題にチャレンジ 2

解答 → 別冊 p.4

　同じ元素からなる単体で性質が異なるものどうしの組合せとして正しいものを，次のア～オの中からすべて選び，記号で答えよ。

ア　カーボンナノチューブとフラーレン　　イ　酸素とオゾン
ウ　銀と水銀　　　　エ　亜鉛と鉛　　　　オ　ゴム状硫黄と斜方硫黄

（静岡大）

質問 04 有効数字の問題でいつも間違えてしまいます。

A 回答

有効数字については，次の 2 つができるようになればよいです。

1. 有効数字の桁数がわかる
2. 与えられた有効数字で表現する

それぞれの方法を解説しましょう。

1. 有効数字の桁数がわかる

まずは，問題文中に出てくる数値から有効数字の桁数を知る方法について解説します。たとえば，次に示した①〜④の桁数はいくらでしょうか？

①　200.0 mL
②　$1.2 \times 10^{-3} \ cm^3$
③　0.031 g
④　0.0310 g

有効数字とは，**末尾の数字から頭の数字までの桁数のこと**だと考えてください。ただし，**頭の数字には 0 を含みません**。よって，①〜④は次のようになります。

①　200.0 mL
4 桁

②　$1.2 \times 10^{-3} \ cm^3$
2 桁

③　0.031 g
2 桁
※頭の 0 は含まないから

④　0.0310 g
3 桁
※頭の 0 は含まないから

2. 与えられた有効数字で表現する

基本的に，数値は $a \times 10^n$（ただし，$1 \leq a < 10$）で表すと考えてください。このとき，**a は有効数字を反映させた形**でなければなりません。

では，次のページに示した⑤〜⑧の数値を，$a \times 10^n$（ただし，$1 \leq a < 10$）で表してみましょう。

⑤ 128.0 mL

⑥ 0.0310 g

⑦ 22.4 L　※単位を mL にする

⑧ 0.32 cm³　※単位を L にする

答えは，以下の通りになります。

⑤ 128.0 mL $\longrightarrow$ 1.280×10^2 mL

4桁だから…　　4桁のまま

⑥ 0.0310 g $\longrightarrow$ 3.10×10^{-2} g

3桁だから…　3桁のまま

⑦ 22.4 L $\longrightarrow$ 2.24×10^4 mL

3桁だから…　3桁のまま

⑧ 0.32 cm³ $\longrightarrow$ 3.2×10^{-4} L

2桁だから…　2桁のまま

このように考えれば，有効数字の問題で絶対に迷うことはありません。

質問 05

混合物の分離方法は，どう考えたら選べますか？

A 回答

　混合物を純物質に分離する方法はいくつかあります。いくつかある中でどの分離方法を用いるかは，**実験器具に注目する**と自然と見えてきます。

ろ過

　ろ過ではろ紙を用いますが，ろ紙には，**液体は通すが固体は通さない大きさの穴**が無数にあります。つまり，ろ過は**大きさの違い**を利用して，**液体と固体を分離**する方法です（図1）。

　例：水と砂の分離

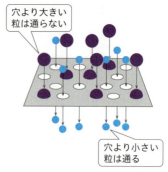

穴より大きい粒は通らない

穴より小さい粒は通る

図1　ろ紙によるろ過の仕組み

蒸留

　蒸留の実験器具は，右の図2のように，**液体を加熱して気体にする部分**（①）**と冷却して液体に戻す部分**（②）からなります。つまり蒸留は，**沸点の違い**を利用して，**液体を分離**する方法です。

　例：水とエタノール混合物の分離

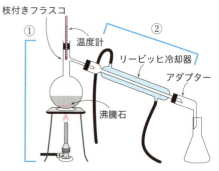

枝付きフラスコ

①

②

温度計

リービッヒ冷却器

アダプター

沸騰石

図2　蒸留の実験器具

昇華

　昇華の実験器具は，右の図3のように，**固体を加熱して気体にする部分**（①）と**気体を冷却して固体にする部分**（②）からなります。つまり，昇華は**昇華性の有無**を利用して，**固体を分離**する方法です。

　例：ヨウ素と昇華性のない物質の分離

②
ヨウ素の
結晶

①

図3　昇華の実験器具

再結晶

　再結晶では，不純物を含む固体を，加熱した最小限の溶媒に溶かします。これを冷やすと，溶解度の小さい物質が先に結晶として析出します。つまり，再結晶は**溶解度の差**を利用して，**固体どうしを分離**する方法です。

　例：硝酸カリウムと食塩の分離

クロマトグラフィー

　クロマトグラフィーにはさまざまな原理を用いた種類がありますが，そのうちのひとつであるカラムクロマトグラフィーでは，シリカゲルなどの吸着剤をガラス管に詰め，上部から溶液と展開液を流します。すると，**シリカゲルへの吸着しやすさの違い**を利用して，**液体を分離**することできます。

抽出

　分液漏斗を用いた抽出では，水層に含まれる親油性の物質を抽出するために，エーテルを入れてよく振ります。すると，親油性の高い物質だけがエーテル層に移動します。これは**溶媒への溶けやすさの違い**を利用して，**物質を分離**する方法です。

次の文章ア～オのうち，誤っているものが1つまたは2つある。誤っているものをすべて選び，記号で答えよ。

ア　沸点の差を利用して，液体混合物をそれぞれの成分に分離する操作のことを蒸留（分留）という。

イ　融点の差を利用して，不純物をのぞいて純粋な結晶を得る操作を再結晶という。

ウ　気体が直接固体になる性質を利用して，物質を分離する操作を昇華精製という。

エ　互いに溶け合わない2種類の溶媒に対する溶解度の差を利用して，混合物から特定の物質を分離する操作を抽出という。

オ　ろ紙やシリカゲルに対する浸透圧の差を利用して，混合物の成分を分離する操作をクロマトグラフィーという。

（名古屋大）

質問 06

ろ過の注意点がなぜ注意点なのかわかりません。

A 回答

ろ過の2つの手順に沿って，注意点①〜⑤とその理由を挙げていきます。

手順1：四つ折りにしたろ紙を円錐状に開き，漏斗に設置する

注意点①：蒸留水を少し注いでろ紙を漏斗に密着させ
ましょう（図1）。すると，漏斗との間に
すき間がなくなり，ろ過の速度が速くなり
ます。

図1　ろ紙を漏斗に
密着させる様子

手順2：ろ過する溶液を静かに注いでいく

注意点②：ろ過する溶液はあらかじめ時間を置いて固体を完全に沈殿させてお
き，その上澄み液から注ぎます。沈殿物が混ざり過ぎていると，ろ
紙の目が塞がり，ろ過に時間がかかってしまうからです。

注意点③：ろ過する溶液はガラス棒を伝わらせて注ぎま
す（図2）。ろ過する溶液が周囲に飛び跳ね
ないようにするためです。また，ガラス棒は
ろ紙のうすい部分（一重の部分）に当てると
ろ紙が破れてしまう可能性があるため，厚い
部分に当てるようにしましょう。

図2　ろ過する溶液
を注ぐ様子

注意点④：漏斗の尖っている方はビーカーの側面に触れているようにします
　　　　　（p. 19 図 2）。ビーカーの内壁につけておくことで飛び散りません
　　　　　し，ろ液が絶え間なく流れ落ちることで早くろ過することもできま
　　　　　す。

注意点⑤：ろ液は，ろ紙の 8 分目くらいまでしか入れないようにします。溶液
　　　　　を入れ過ぎて漏斗から溢れるのを防ぐためです。

質問
07
蒸留時の注意点がなぜ注意点なのかわかりません。

A 回答

　蒸留における注意点①〜⑦とその理由を説明します。次の図1に示した番号と照らし合わせながら，確認していきましょう。

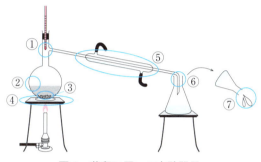

図1　蒸留に用いる実験器具

実験器具を準備するときの注意点

注意点①：温度計の下端部を，枝付きフラスコの枝分かれしている部分に合わせる。

　　　　　冷却器にむかう蒸気の温度を確かめるための温度計なので，枝分かれしている部分に合わせます。温度計の温度が捕集したい気体の沸点の温度と一致していれば，取り出している液体が純物質に近いと判断できます。

注意点②：フラスコに入れる溶液の量は $\frac{1}{2}$ 以下にする。

　　　　　沸騰した際に混合物の飛沫が，フラスコの枝に入り込むのを防ぐためです。

注意点③：フラスコ内に沸騰石を数粒入れる。

　　　　　沸騰石を入れると，沸騰石中に含まれる空気の気泡がスムーズな沸騰のきっかけとなります。沸騰石を入れないと突沸し（沸点以上になっても沸騰が開始せず，突然沸騰が始まる現象）高温の溶液が吹き出す可能性があります。

注意点⑥：三角フラスコとアダプターの間をゴム栓などで密閉しない。

　　　　　密閉すると装置内が加圧状態になって危険です。

蒸留中の注意点

注意点④：金網を引いてフラスコを熱する。

　　　　　フラスコを直接熱すると，一部だけが高温になり，割れる可能性があるためです。

注意点⑤：リービッヒ冷却器には下から上に水を流す。

　　　　　上から下に流すと，水はそのまま「ストン」と流れ出ていってしまうため，冷却器に水が溜まらず気体を冷やすことができません。流した水に対して十分に冷却できないため「冷却効率が低い」と表現されることがあります。

注意点⑦：蒸留によってできた最初と最後の液体は捨てる。

　　　　　注意点①で触れたように，沸点前後は不純物を含んでいることが多いためです。

「元素と単体，どちらの意味で使われているか」という問題は，どうすれば解けますか？

 回答

次のような出題がされることがあります。

例題　次の文中の下線部は，元素と単体どちらの意味で使われているか？

1. 水は<u>水素</u>と酸素から構成されている。
2. 水を電気分解したところ，<u>水素</u>と酸素が発生した。
3. 骨には<u>カルシウム</u>が多く含まれている。

この手の問題は，下線が引かれた物質を具体的にイメージすると，簡単に解けます。

2種類以上の元素からなる物質の一部　　……元素
1種類のみの元素からなる物質そのもの　……単体

例題の解答は，次の通りになります。

1. 水素は，別の元素である酸素と化学結合して水分子となっている。よって，**元素**の意味で使われている。
2. 1種類の水素元素からなる物質を指している。よって，**単体**の意味で使われている。
3. 骨に含まれるカルシウムは，リンや酸素など他の元素と結合している。よって，**元素**の意味で使われている。骨が白くて軽いのに対し，単体のカルシウムは銀色の金属であることからも，化合物の1成分であることがわかる。

なぜこの手の出題がされるかというと，（2種類以上の元素からなる）化合物の構成元素を指す場合と，（1種類のみの元素からなる）単体を指す場合で物質の性質がまったく異なることを知っているか試すためだと考えられます。

たとえば「塩化ナトリウムにはナトリウムが含まれている」といったときのナトリウムとは構成元素のことであり，単体のナトリウムではありません。単体のナトリウムは水と激しく反応する金属ですから，食塩の主成分でもある塩化ナトリウムとは性質がまったく異なる物質です。

類題にチャレンジ 4

解答 → 別冊 p.5

元素名と単体名は同じものが多い。次の記述のア～オの下線部が単体ではなく，元素の意味で用いられているものを1つ選べ。

ア　アルミニウムはボーキサイトを原料としてつくられる。

イ　アンモニアは窒素と水素から合成される。

ウ　競技の優勝者に金のメダルが与えられた。

エ　負傷者が酸素吸入を受けながら，救急車で運ばれていった。

オ　カルシウムは歯や骨に多く含まれる。

（センター試験）

02　原子の構造と周期表

質問 09

ラザフォードが行った「薄い金箔に α 線の粒子を打ち込む実験」で，どうして原子の構造が推定できたのですか？

A 回答

20 世紀初頭までに，原子の中に電子が存在することはわかっていました。ただし当時は，**ぶどうパンの中に埋まったぶどうのように，密に詰まった原子の中に電子が分散している**と考えられていました（図 1）。

1911 年，ラザフォードが発表した，薄い金箔に α 線の粒子を打ち込んだ実験では，この構造から予想される結果とは異なる結果が得られました。この実験からラザフォードは，現在知られている原子の構造を突き止めることができたのです。

図 1　20 世紀初頭まで考えられていた原子の構造

α 線の性質

実験に使われた α 線の性質についてお話しします。α 線の元である α 粒子は**正の電荷をもっているため，正の電荷をもつものに当たると跳ね返ったり，軌道が変わったりします**。それ以外の場合は直進します。ただし，たとえ電子に当たったとしても α 粒子は電子よりだいぶ重いため（約 7000 倍），α 線の方が曲がることはありません。

実験結果と結論

ラザフォードが実験で金箔（薄く延ばされた Au 原子の層）に α 粒子を打ち込んだ結果，**大部分の α 粒子は金箔を透過しましたが，ごく一部の α 粒子だけ軌道が変わったり，反射されて打ち返って来たりするものがありました**（p.26 図 2）。もしぶどうパンのような構造なのであれば，ほとんどの α 粒子は跳ね返ったり，軌道が大きく曲がったりするはずなのに，です。

当初予想された実験結果　　　　実際の実験結果

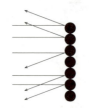

ぶどうパンのような構
造なら，ほとんどの α
粒子が跳ね返るはず。

大部分の α 粒子が透過。
ぶどうパンのような
構造ではなかった？

図 2　薄い金箔に α 線の粒子を打ち込んだラザフォードの実験結果

この実験結果から，次のように考えられるわけです。

・原子の大部分は空間からなる
・原子の中心に質量の大部分が偏っており，正の電荷を帯びている

　つまり原子は，ぶどうパンのような構造ではなく，**中心に正の電荷をもった原子核が存在し，その周りに電子があるという構造**なのではないかと考えられたのです。

　原子がこんなにスカスカであると誰が想像できるでしょうか。物質を構成しているのが原子なのだから，原子＝密に詰まったものを想像するのが自然です。このように，真実は想像を超えているからこそ学ぶ必要があり，だからこそよく問われる箇所でもあります。

質問
10
^{14}C の濃度を測定すると年代が推定できるメカニズムがよくわかりません。

A 回答

^{14}C とは質量数（＝陽子の数＋中性子の数）が 14 の炭素のことです。炭素原子のほとんどは ^{12}C で質量数が 12 の炭素ですが，^{14}C のように中性子が ^{12}C より 2 個多い炭素もごくわずかに存在します。大気中においては，$^{12}C : ^{14}C = 1 : 約 10^{-12}$ で存在しています。

この ^{14}C は原子核が不安定なので，放射線を出しながら別の原子核に変化（放射性崩壊）し，安定な ^{14}N になろうとします。

ここでポイントなのは，呼吸や光合成をすることで**大気と C のやりとりをしている（＝生きている）動植物体内の** ^{14}C **の存在比は一定**であるということです。逆にいえば，動植物が死ぬと外界からの ^{14}C の供給がなくなり，^{14}C の放射性崩壊によって ^{14}C の割合が減っていきます。放射性同位体が放射性崩壊していき，もとの半分の量になるまでの時間を**半減期**といい，^{14}C の半減期は約 5730 年です。

「大気中の ^{14}C **の割合は一定である」という前提条件のもと，死んだ動植物の** ^{14}C **の量を測ることができれば，およそ何年前のものか推定できるわけです。**たとえば，遺跡から発掘された木片中の ^{14}C の割合が大気中の ^{14}C の割合の $\dfrac{1}{8}$ だったとします。^{14}C の量は非常に小さいので，割合が $\dfrac{1}{8}$ になったということは，^{14}C の量も木が枯れた時点の $\dfrac{1}{8}$ になったと考えてよいということです。

下の図１からも読み取れるように，１のものが$\frac{1}{8}$になるには半減期が３回分必要なので，木が枯れたのは $5730 \times 3 \fallingdotseq 17000$ 年前であるといえます。このようにして ^{14}C の測定によってそのものの年代が測定できるのです。

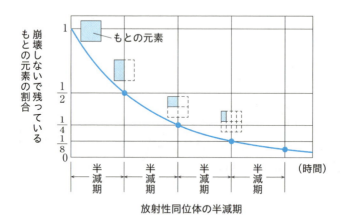

放射性同位体の半減期

図１　放射性同位体の半減期と，崩壊しないで残っている
　　　もとの元素の割合

原子の質量数，相対質量，原子量，モル質量の違いがわかりません。

 回 答

　いずれも原子の質量に関係する用語です。それぞれの関係性も整理しておく必要があります。順を追って説明しましょう。

質量数

　原子は，陽子・中性子・電子からなりますが，電子は陽子や中性子と比べて約 $\frac{1}{1840}$ の質量しかないのでほぼ無視できます。また，陽子と中性子はほぼ同じ質量（陽子の方が若干小さい）です。つまり，**原子の質量は陽子の数＋中性子の数にほぼ比例する**ということです。そこで，**質量数＝陽子の数＋中性子の数**と定義します。質量数を定義する利便性についてはこのあとわかってきます。

相対質量

　原子の質量は質量数にほぼ比例するのでした。そこで，^{12}C（陽子6個，中性子6個）を12としたとき，これに対する相対的な質量を考えましょう。すると，^{1}H は 1.0，^{14}N は 14 であることなどがわかっています。

> 　相対質量はほぼ質量数と同じになりますが，厳密には $^{1}H = 1.0078$，$^{14}N = 14.003$ と，質量数とは異なります。理由は，電子の質量が加わったり，中性子と陽子の質量が若干異なっていたりするからです。

> 　実際の原子の質量は，^{12}C が約 1.993×10^{-23} g，^{1}H が約 1.674×10^{-24} g，^{14}N が約 2.325×10^{-23} g です。これを絶対質量といいます。

原子量

相対質量は，^{12}C を 12 としたときの，各原子の相対的な質量でした。しかし，普通は同位体（陽子の数は同じだが中性子の数が異なる原子どうし）は混合して存在しています。

たとえば，^{63}Cu の相対質量は 62.9，^{65}Cu の相対質量は 64.9 なのですが，天然の銅では ^{63}Cu が 69.2%，^{65}Cu が 30.8% の割合で含まれています。

同位体どうしを選別して使うことは現実的ではないため，存在比率を加味して，その元素の相対質量を求めなければ使えません。

よって，同位体の相対質量を，存在比から平均して求めた数値を原子量といいます。

・分子量とは，分子を構成する原子の，原子量の総和です。
・式量とは，組成式やイオン式に含まれる原子の，原子量の総和です。

モル質量

相対質量や，同位体の存在比から得た原子量は，あくまでも ^{12}C の質量を 12 として得られた相対的な数値なので，単位がありません。ですが，実際には約 6.0×10^{23} 個（$= 1 \, mol$）あたりの質量〔g〕を意味しています。

よって，原子量に〔g/mol〕をつけたものをモル質量とよびます。

なぜ ^{12}C を基準に相対質量を決めているのですか？
^{1}H を基準にする方がシンプルだと思うのですが……。

 回答

そこには歴史が深く絡んでいます。

当初，原子説を提唱したドルトンにより水素の相対質量を 1 とする原子量表が作成されました。しかし，当時は正確に原子量を測れておらず不正確なものでした。

その後，酸素を基準とし，その原子量を 16 とすることを提唱する者が現れましたが，**化学と物理学でその原子量の基準が異なってしまう**ことになりました。化学の分野では ^{16}O，^{17}O，^{18}O の混合物の相対質量を 16 としていたのに対し，物理学ではこれら 3 種類の中で最も存在比が大きい ^{16}O の相対質量を 16 としていたのです。

そこで，1961 年に化学と物理学で基準を統一するために妥協点を見つける必要があり，最終的に「炭素 ^{12}C の相対質量＝12」とする基準が採択されました。

なお，^{12}C にはほぼ質量の同じ陽子と中性子が 6 個ずつ，合計 12 個が含まれているので，要は陽子または中性子の相対質量を 1 としたようなものです。実際，次のページの表 1 にもあるように，質量数と相対質量はほぼ同じ値になっています。

質量数と相対質量が完全に同じにならないのは，電子も含まれているから，そして陽子と中性子の質量は厳密には違うからです。

表 1 　代表的な原子の相対質量

元素	原子	絶対質量	相対質量	質量数
水素	^{1}H	1.6735×10^{-24}	1.0078	1
水素	^{2}H	3.3445×10^{-24}	2.0141	2
ヘリウム	^{4}He	6.6465×10^{-24}	4.0026	4
炭素	^{12}C	1.9926×10^{-23}	12（基準）	12
炭素	^{13}C	2.1593×10^{-23}	13.003	13
窒素	^{14}N	2.3253×10^{-23}	14.003	14
窒素	^{15}N	2.4908×10^{-23}	15.000	15
酸素	^{16}O	2.6560×10^{-23}	15.995	16
酸素	^{17}O	2.8228×10^{-23}	16.999	17
酸素	^{18}O	2.9888×10^{-23}	17.999	18
ナトリウム	^{23}Na	3.8175×10^{-23}	22.990	23
アルミニウム	^{27}Al	4.4804×10^{-23}	26.982	27
塩素	^{35}Cl	5.8067×10^{-23}	34.969	35
塩素	^{37}Cl	6.1383×10^{-23}	36.966	37

質問 13 最外殻電子と価電子は同じものを指しているのですか？

A 回答

それぞれの定義がわかれば，答えは自ずとわかります。

最外殻電子：最も外側の電子殻に属する電子
価電子　　：反応に使われる電子

基本的に，反応に使われるのは最も外側の電子殻に属する電子ですので，**多くの原子で価電子は最外殻電子のことを指します**（たとえば，図1のナトリウム Na）。

しかし，**貴ガス（希ガス）の最外殻電子は安定していて反応に使われないため**，価電子は 0 個と定義されています（たとえば，図1のネオン Ne）。よって，貴ガス以外では最外殻電子と価電子は同じものを指します。

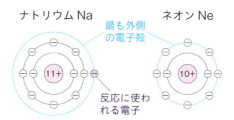

図1　ナトリウム Na とネオン Ne の
　　　最外殻電子および価電子

質問 14

イオン化エネルギーと電子親和力の定義（と反応式）を覚える
にはどうしたらよいですか？

 回答

　まず，イオン化エネルギーと電子親和力はどちらもエネルギーなので，同じ
単位（kJ/mol や eV）で表されます。重要なのは，どちらも**原子がどれだけ電
子を引きつけるかを表す指標**であるということです。それなら片方だけ考えれ
ばいいではないか，と思うかもしれませんが，意味しているものは微妙に異な
ります。

　たとえば，あなたがどれだけ「くまのぬいぐるみ」が好きかを示す指標が2
種類あるのと同じです。1つは「くまのぬいぐるみをあなたから奪うのがどれ
だけ大変か」という指標，もう1つは「くまのぬいぐるみをどれだけ欲しいと
思っているか」という指標です。前者がイオン化エネルギーに相当し，後者が
電子親和力に相当します（図1）。

この子が嫌がる度合いが
イオン化エネルギー

この子が欲しがる度合いが
電子親和力

嫌がる度合いが高いほど
イオン化エネルギーは**大きい**

欲しがる度合いが高いほど
電子親和力は**大きい**

図1　イオン化エネルギーと電子親和力のイメージ

　では，次のページから具体的に解説していきます。

イオン化エネルギーについて

　イオン化エネルギーは，電気的に中性な原子から電子を奪い，陽イオンにするために必要なエネルギーのことです。電気的に中性な原子は（LiやNaなどのように陽イオンになりたがっている原子であっても）少なからず陽子が電子を引きつけているため，電子を奪い取るのにエネルギーが必要です。そのエネルギーが大きいほど，その原子は電子を引きつける力が強い，つまり陽イオンになりにくいということになります。

イオン化エネルギーと周期表

　下の図2は，原子番号とイオン化エネルギーの関係を示したものです。同族では，原子番号が小さいほど原子半径が小さいため，最外殻電子と原子核との間のクーロン力が強く，電子は放出しにくいです。同一周期では，原子番号が大きいほど陽子の数が多いため，電子を拘束する力が強くなります。よって，周期表の右上に行くほど陽イオンになりにくい（＝イオン化エネルギーは大きい）傾向にあります。

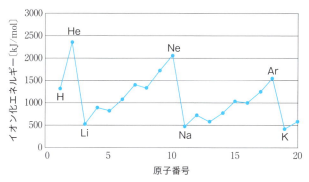

図2　原子番号とイオン化エネルギーの関係

電子親和力について

　電子親和力は，電気的に中性な原子に1つ電子を与えたときに放出するエネルギーのことです。不思議に思うかもしれませんが，ほとんどの原子[*]は電気的に中性であっても，電子を欲しているのです[**]。

　つまり，電子を受け入れることでエネルギーを放出します。このときに放出するエネルギーを電子親和力といいます。よって，電子親和力が大きいほどより大きなエネルギーを放出してより安定するので，その原子は電子を引きつける力が強い，つまり陰イオンになりやすいということになります。

[*]貴ガスの電子親和力はほぼ0です。これは貴ガスは単原子の状態で非常に安定しているからです。

[**]陽子が電子を引きつけて安定する方が，原子内にすでに存在している電子と反発して不安定になるよりも優位だからです。

質問 15

第一イオン化エネルギーがあるということは，第二イオン化エネルギーもあるのですか？

A 回答

結論から言うと，あります。

中性の原子から電子を1個奪い，1価の陽イオンにするためのエネルギーを第一イオン化エネルギーといい，さらに1価の陽イオンから2個目の電子を奪い2価の陽イオンにするために必要なエネルギーを第二イオン化エネルギーといいます。同様に，第三，第四，第五，……，第 n イオン化エネルギーも定義されます。ただし，単にイオン化エネルギーといった場合，第一イオン化エネルギーのことを指すと考えて結構です。

一般に，貴ガス（希ガス）の電子配置になるまではイオン化エネルギーは比較的小さいですが，貴ガスの電子配置の状態からさらに電子を取り出すときのイオン化エネルギーは非常に大きくなります。これは貴ガスが非常に安定な電子配置になっているからです。

たとえば，ナトリウム Na の場合，

第一イオン化エネルギー：Na（気）$+ 496\ kJ = Na^+$（気）$+ e^-$

第二イオン化エネルギー：Na^+（気）$+ 4562\ kJ = Na^{2+}$（気）$+ e^-$

となります。

右の図1に示すように，Na^+ は貴ガスの電子配置をとるため，Na^+ を Na^{2+} にするのに必要なエネルギー（第二イオン化エネルギー）が非常に大きくなります。ここから，ナトリウムは Na^+ にはなりやすいが，Na^{2+} には非常になりにくいことがわかります。

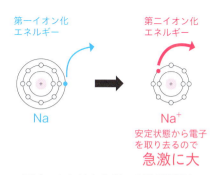

図1　ナトリウム Na の電子配置とイオン化エネルギー

一方，マグネシウム Mg の場合，Mg^{2+} のときに貴ガス配置の安定な電子配置をとるため，第三イオン化エネルギーが非常に大きくなります（図2）。

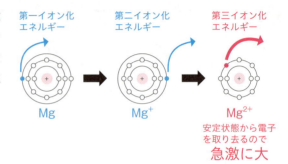

第一イオン化エネルギー　第二イオン化エネルギー　第三イオン化エネルギー

Mg　　　　Mg$^+$　　　　Mg^{2+}

安定状態から電子を取り去るので
急激に大

図2　マグネシウム Mg の電子配置とイオン化エネルギー

類題にチャレンジ 5

解答 → 別冊 p.6

1価の陽イオンを2価の陽イオンにするのに必要なエネルギーを第二イオン化エネルギーとよぶ。第二イオン化エネルギーを表す図として適切なものを次の図ア～エから1つ選び，記号で答えよ。

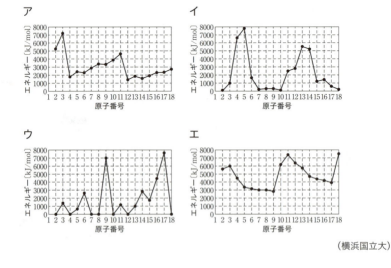

ア

イ

ウ

エ

（横浜国立大）

質問 16

なぜ周期表の"左下"が金属元素で，"右上"が非金属元素なのですか？

　周期表の左下には金属元素，右上には非金属元素が配置しています（図1）。こうなる理由は，**周期表と原子半径との関係**で説明できます（→質問14）。

族\\周期	1	2	3	4	5	6	7	8	9	10	11	12	13	14	15	16	17	18
1	H															非金属		He
2	Li	Be											B	C	N	O	F	Ne
3	Na	Mg											Al	Si	P	S	Cl	Ar
4	K	Ca	Sc	Ti	V	Cr	Mn	Fe	Co	Ni	Cu	Zn	Ga	Ge	As	Se	Br	Kr
5	Rb	Sr	Y	Zr	Nb	Mo	Tc	Ru	Rh	Pd	Ag	Cd	In	Sn	Sb	Te	I	Xe
6	金属		☆	Hf	Ta	W	Re	Os	Ir	Pt	Au	Hg	Tl	Pb	Bi	Po	At	Rn
7	Fr	Ra	＊	☆：ランタノイド　＊：アクチノイド														

図1　周期表

　同族では，下にいくほど原子核と最外殻の距離が大きくなるため，原子核が電子を拘束する力が弱くなります。

　同一周期では，周期表の左にあるほど陽子の数が少ないので，原子核が電子を引きつけるクーロン力が弱くなります。こうして，周期表の左下にいくほど電子は原子核から受ける拘束が弱くなり，比較的自由に動けるようになるのです。つまり，多数の原子核で多数の電子を拘束する金属元素となるわけです。

　逆に，周期表の右上になるほど原子核が電子を拘束するようになるので非金属元素となります。

　これが，周期表の左下が金属元素，右上が非金属元素である理由です。

電気陰性度について

　原子が電子を引きつける力が強い元素が非金属元素，弱い元素が金属元素ということですが，**共有結合している分子中の原子**が，どれだけ電子を引きつけるかを示す値が**電気陰性度**です。

　電気陰性度の値が周期表上でどのような傾向にあるかというと，

・原子が電子を引きつける力が強い元素が非金属元素である。つまり，周期表の右上に行くほど陰イオンになりやすいので，電気陰性度も大きくなる傾向にある。
・貴ガスは共有結合をしないため，電気陰性度は定義されていない。

の2点を押さえておきましょう。

　電気陰性度の導出方法には複数の算出方法があり，さまざまな実験値と比較して最も矛盾なく説明できるよう，値も改良されています。下の図2には，ポーリングが提唱した代表的な電気陰性度の値を載せていますが，高校範囲では具体的な値を覚える必要はありません。ただし，問題文で具体的な値を与えられた上で，化合物の特性を説明したり，化学反応のあり方を予想したりする問題はしばしば出題されます。

　たとえば，分子量が小さいにもかかわらず，フッ化水素，水，アンモニアなどの沸点が高いのは，電気陰性度が大きい F（4.0），O（3.4），N（3.0）と，電気陰性度が小さい H（2.2）の間に大きな電気的な偏りが生じ，それによって分子間に弱い結合（＝水素結合）ができるからだと説明できるようになるのも，電気陰性度という概念があるからこそなのです。

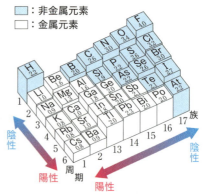

図2　ポーリングの電気陰性度

03　粒子の結合と結晶

質問 17

アンモニア分子 NH_3 の形はなぜ三角錐なのですか？
また，水分子 H_2O の形はなぜ折れ線なのですか？

A 回答

　分子の形は暗記しなくても，電子対の位置に注目することで自然と導けます。分子の形を考えるときのポイントは，次の2点です。

・非共有電子対も共有電子対と同様に扱う
・電子対（負の電荷をもつ）どうしは電気的に反発するため，最も遠ざかる位置に配置される

　以下，電子対が4組・3組・2組あるときの3パターンについて考えてみましょう。

電子対が4組あるとき

　電子対4組がそれぞれ反発して空間的に最も遠ざかる結果，電子対は**正四面体の頂点に配置**されます（図1）。

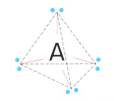

図1　4組の電子対の配置

　例1：メタン
　メタン分子は炭素原子と水素原子との共有結合が4つありますね。よって，これら4つの水素原子を結ぶ**正四面体**の形になります（図2）。

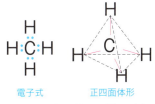

電子式　　　　　正四面体形

図2　メタン分子の電子式と
　　　分子の形

例2：アンモニア

アンモニア分子の電子対も，実は非共有電子
対を合わせると4つあります。これらの電子
対は正四面体の頂点に配置されますが，窒素
原子と水素原子だけに注目すると三角錐に見
えるので，アンモニア分子の形は**三角錐**の形
になります（図3）。

電子式　　　　　三角錐形

図3　アンモニア分子の
電子式と分子の形

例3：水

水分子も電子対が4つあるので，正四面体の
頂点に電子対が配置されます。水素原子と酸
素原子だけに注目すると折れ線に見えるの
で，水分子の形は**折れ線形**になります（図4）。

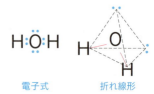

電子式　　　　　折れ線形

図4　水分子の電子式と
分子の形

電子対が3組あるとき

電子対3組がそれぞれ反発して空間
的に最も遠ざかる結果，電子対は**正三
角形の頂点に配置**されます（図5）。

代表的な例として三フッ化ホウ素
BF_3 があります。3つのフッ素原子が

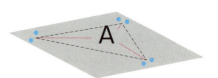

図5　3組の電子対の配置

正三角形の頂点に配置されるため，**正三角形**の形になります。

電子対が2組あるとき

電子対は，**直線の先端に配置**されます。

二原子分子は迷わず直線形になります（例：酸素 O_2，塩化水素 HCl）。

二酸化炭素 CO_2 など非共有電子対がなく2組の二重結合がある場合も，2
組の二重結合を最大限に空間的に遠ざけようとすると**直線形**になります。

水和物とは何ですか？
どういった状態で存在しているのですか？

A 回答

水分子には右の図1のような極性が存在しているため，**極性をもつ溶質の粒子を取り囲みます**。このことを**水和**といい，水和してできた粒子のことを**水和物**とよびます。くっついている水分子の数により，一水和物，二水和物，……などとよびます。

図1　水分子の極性

硫酸銅(II)五水和物 $CuSO_4 \cdot 5H_2O$ について

代表例として硫酸銅(II)五水和物 $CuSO_4 \cdot 5H_2O$ がどのように水和しているか見てみましょう。硫酸銅(II)五水和物はその名の通り，$CuSO_4 : H_2O = 1 : 5$ の物質量比からなるわけですが，やや複雑な構造で水和しています。

右の図2にあるように，銅(II)イオン Cu^{2+} に対して SO_4^{2-} が Cu^{2+} の上下から配位結合をしています。この SO_4^{2-} は Cu^{2+} の間に挟まって配位結合するため，1つの Cu^{2+} に対して1つの割合で SO_4^{2-} が配位結合しています。

水和水ですが，4つの水分子が Cu^{2+} の周りに配位結合していることに加え，さらに1つの H_2O が SO_4^{2-} の間で水素結合しています。

このように，硫酸銅(II)五水和物 $CuSO_4 \cdot 5H_2O$ は，1つの Cu^{2+} に対して5つの水分子が水和しているわけですが，4つは Cu^{2+} と配位結合し，1つは SO_4^{2-} と水素結合してできているのです。

図2　硫酸銅(II)五水和物が水和している様子

質問 19　イオン結晶の特徴はどこから生じるのですか？

イオン結晶とは，イオン結合でできた結晶のことです。

イオン結合とは，陽イオン（金属元素）と陰イオン（非金属元素）が静電気的な引力（静電気力，クーロン力）で引き合ってできている結合のことです。

イオン結晶の代表例には塩化ナトリウム NaCl があり，下の図1のような構造をしています。

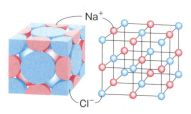

Na$^+$

Cl$^-$

図1　塩化ナトリウム NaCl のイオン結晶の構造

イオン結晶に共通する性質は**陽イオンと陰イオンが静電気的な引力で引き合ってできている**ことに起因します。下記に，イオン結晶の主な特徴3つと，それぞれの理由をまとめます。

沸点・融点が高い

イオン結合はプラスとマイナスの電気が引き合ってできる静電気力（クーロン力）によってできている結合なので，比較的強い結合です。この強い結合を切って，固体から液体，または液体から気体の状態に変わるためには多くのエネルギーが必要です。したがって融点・沸点は高くなります。

硬いが，強い力を加えると特定の方向に向かって割れやすい

　前述の通り，イオン結合は比較的強い結合のため，イオン結晶は硬いです。しかし，強い外力によって結晶の配列が少しでもずれると簡単に特定の方向に割れてしまいます。これは外力が加わり配列がずれることによって，異符号のイオンどうしが引きつけ合っていたのが同符号のイオンが接近してしまい，互いに反発するからです（図2）。

図2　イオン結晶に強い外力を加えると割れやすい仕組み

液体状態で電気を通す

　一般に，固体状態のイオン結晶はイオンの位置が固定されているため電気を通しません。しかし，融解したり水溶液の状態になったりするとイオンが自由に動けるようになるため，電気を通すようになります。

類題にチャレンジ　6

解答 → 別冊 p.7

次の文章を読み，下の問1・問2に答えよ。

　陽イオンと陰イオンが（A）力によって引き合って形成した結びつきをイオン結合という。イオン結合によってできている結晶をイオン結晶といい，陽イオンと陰イオンの比が1：1のイオン結晶には NaCl 型の立方格子や CsCl 型の立方格子をとるものがある。イオン結晶において，イオンが接している反対符号のイオンの数を（B）という。イオン結晶は（B）が大きいほど安定であるが，陰イオンに対して陽イオンが小さくなりすぎ，陰イオンどうしが接するようになると結晶は不安定になる。イオン結晶は，イオン結合が強いために硬く，融点も高いが，<u>外部からの力にはもろく，壊れやすい</u>。

問1　（A），（B）に入る適切な語句をそれぞれ記せ。
問2　下線部に関して，イオン結晶がこのような性質を示す理由を50字以内で述べよ。
　　　　　　　　　　　　　　　　　　　　　　　　　　　　　　　　　　　（筑波大）

質問 20

共有結合の結晶の特徴はどこから生じるのですか？

A 回 答

共有結合の結晶とは，文字通り**共有結合によってできた結晶**のことです。たとえば，**黒鉛 C，ダイヤモンド C，ケイ素 Si，二酸化ケイ素 SiO_2，炭化ケイ素 SiC** は，共有結合の結晶となります。

下記に，共有結合の結晶の主な特徴 2 つと，それぞれの理由をまとめます。

極めて融点が高く，硬い（例外：黒鉛）

共有結合の結晶は非常に強い共有結合で繋がってできているため，この結合を切るには非常にたくさんのエネルギーが必要になります。そのため，融点は極めて高く，硬いです。なお，共有結合は他の結合よりも強く，一般に

　共有結合＞イオン結合＞金属結合≫分子間力

という順になります。

共有結合が電子を共有してできて結合である一方，イオン結合は陽イオンと陰イオンが静電気的な引力で引き合ってできていることから，共有結合の方がイオン結合より強い結合となります。

電気を通さない（例外：黒鉛）

共有結合の結晶であるダイヤモンドは電気を通しません。なぜなら，炭素原子にある 4 つの価電子がすべて共有結合に使われるため，自由に動ける電子がないからです。

一方，黒鉛は 4 つの価電子のうち 3 つを共有結合として使って平面構造をつくり，残り 1 つの価電子は自由電子として存在します（図1）。そのため，電気を通すのです。

図 1　黒鉛の構造

　ケイ素 Si は炭素 C と同じく価電子を 4 つもちます（どちらも 14 族元素なので）。Si の結晶は 4 つの価電子をすべて共有結合に使い，ダイヤモンドと同じ構造をもちます。そのため，電圧をかけてもほとんど電気を通しません。しかし，たとえばリン P を不純物として含むと，P は価電子数が 5 つなので，4 つの価電子を共有結合に使い，残り 1 つが自由電子として振る舞い，導体のような性質をもちます。

　Si のように，導体と絶縁体の中間的な性質をもつ物質を半導体といいます。

質問21

ダイヤモンドと黒鉛は同素体なのに，いろいろと性質が違うのはなぜですか？

 回答

　構成元素が同じでも，結合の仕方によって別の物質になることがあります（→ 質問01）。ダイヤモンドと黒鉛（グラファイト）はどちらも炭素原子からなる同素体ですが，性質は大きく異なります。それぞれ詳しく見てみましょう。

ダイヤモンド

　炭素Cは価電子を4つもっていますが，価電子はすべて負の電荷をもつため，互いに反発して最大限遠くに位置するように配置されます。そのため，下の図1のように，正四面体の頂点に位置するような構造となります。4つすべての価電子が共有結合に使われるため，非常に安定しており硬いです。また，自由に動ける電子もないため電気も通しません。

図1　ダイヤモンドの立体構造

黒鉛（グラファイト）

　4つの価電子のうち3つを共有結合として使い，1つは自由電子として動き回ることができます。自由電子を1つもつために，電気伝導性があり，金属光沢も見られます。

　3つの価電子は，最大限遠くに位置するように配置するため，正六角形を単位とする平面層状構造を形成します（p.49 図2）。層と層の間はファンデルワールス力で繋がっていますが，非常に弱い引力のため，小さな力で層に平行な面で割れてしまうという，大変もろい構造となっています。

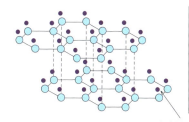

黒鉛は炭素の正六角形平面構造が
分子間力で結びついた構造
　→軟らかくもろい
　→ダイヤモンドより密度が小さい
黒鉛の炭素原子は，共有結合を
3つしかつくっていない
　→もう1つは自由電子

自由電子化した価電子

図2　黒鉛の立体構造

ダイヤモンドと黒鉛の性質を表にまとめたので，確認しておきましょう。

名称	ダイヤモンド	黒鉛（グラファイト）
構造	正四面体構造	正六角形状の平面層状構造
特徴	無色透明 電気伝導性なし 非常に硬い	黒色不透明 電気伝導性あり 薄くはがれやすく，軟らかい 金属光沢あり
結合様式	共有結合のみ	共有結合・分子間力

類題にチャレンジ 7

解答 → 別冊 p.7

　炭素の同素体であるダイヤモンド，グラファイト，フラーレン，カーボンナノチューブのそれぞれの構造を下表のア〜エのうちから選び，記号で答えよ。また，ダイヤモンドとグラファイトの硬度，電気伝導性の違いについて構造を踏まえて説明せよ。

【選択肢】	ア	イ	ウ	エ
構造				

（横浜市立大）

質問 22　金属結晶の特徴はどこから生じるのですか？

A 回答

　金属元素は，原子核からの束縛をそれほど受けず，電子が他の原子の電子殻も含めて自由に動き回れます（図1）。金属結晶に共通した性質は，この**自由電子**を有することに起因します。

　下記に，金属結晶の主な特徴4つと，それぞれの理由をまとめます。

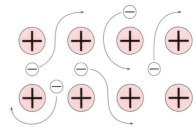

図1　金属結晶の中を自由電子が動き回る様子

電気伝導性が大きい

　自由電子が原子核からあまり束縛されず，動き回れるからです。

　ただし，高温にすると陽イオンの振動が激しくなって自由電子の移動を妨げるので，電気を通しにくくなります。

熱伝導性が大きい

　温度が高い状態というのは，ミクロに見ると，粒子が激しく運動している状態のことです。金属を熱すると原子が激しく振動しますが，それが自由電子を弾き飛ばして遠くにある原子に衝突し，原子を振動させます。このように，自由電子が遠くまで動けることが，熱伝導性が大きい，すなわち熱が速く遠くに伝わる理由です。

表面が光をよく反射して金属光沢をもつ

　金属光沢とは金属特有のキラキラした光沢のことで，金属が高い反射率で光を反射しているために見られるものです。自由電子が厚いベールのように金属表面を覆っているため，光は自由電子に遮断されて金属の中へ入っていくことができず，跳ね返されるのです。

展性，延性がある

　展性とは薄く広げられる性質のことで，延性とは線状に延ばせる性質のことです。自由電子が金属全体で共有されているため，力を加えて変形させても結晶が壊れないのです（図2）。

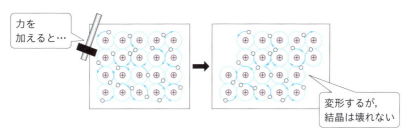

図 2　金属結晶の展性，延性

分子結晶の特徴はどこから生じるのですか？

A 回答

分子結晶とは，**多数の分子が分子間力によって引き合い，規則正しく配列してできた結晶**のことです。分子結晶の代表例にはドライアイス CO_2 があり，右の図1のような構造をしています。

下記に，分子結晶の主な特徴3つと，それぞれの理由をまとめます。

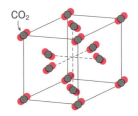

図1　ドライアイスの構造

融点が低く，軟らかい

分子結晶は分子間力によってなりますが*，分子間力は他の金属結合やイオン結合，共有結合と比べると極めて弱いため（図2），他の結晶より融点が低く，軟らかいです。

*分子内の原子どうしは共有結合しています。

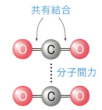

図2　共有結合と分子間力

昇華性をもつ

昇華性をもつ物質が多いのも，分子間力の弱さが原因です。分子間力は非常に弱く切れやすいため，固体から気体に変化しやすいのです。

電気を通さない

分子結晶を形成する分子は，電気的に中性なので，固体でも液体でも電気を通すことはありません。

類題にチャレンジ 8

解答 → 別冊 p.8

次の物質から分子結晶となりうる物質をすべて選び，それらの分子式を書け。

ドライアイス　　硫化亜鉛　　　炭酸カルシウム　　ナフタレン

氷　　　　　　　二酸化ケイ素　斜方硫黄

（九州大）

質問
24

分子間力とファンデルワールス力の違いがわかりません。

A 回答

　分子間にはたらく力は３種類あります。ファンデルワールス力，極性引力，水素結合です。これらを総称したものが分子間力です。つまり，**分子間力のうちのひとつとしてファンデルワールス力というものがある**，という関係なのです。

　　分子間ではたらく分子間力は，原子間ではたらく共有結合やイオン結合，金属結合などと比べると非常に弱い力です。

　ファンデルワールス力とは，**すべての分子間で生じている引力**のことです。どんな分子でも（極性分子でも無極性分子でも）電子の運動によってごくわずかに部分的に電荷の偏り（極性）が生じています。この瞬間的に生じた極性によって，周囲の同じく瞬間的に極性を帯びた分子と引き合う力が生まれます。これが絶えず生じているため，分子間には絶えず瞬間的な引力がはたらくのです。

　次のページで，ファンデルワールス力の強さを決める主な要因を２つ紹介します。

構造の似た分子では，分子量が大きいほどファンデルワールス力は強い

　分子量が大きいということは，陽子や電子をたくさんもっているということであり，また分子自体の大きさも大きいということです。そのため，電子の運動によって瞬間的に生じる電荷の偏りが大きくなり，分布も変化しやすくなるので，分子量が大きいほどファンデルワールス力は大きくなります。

　ファンデルワールス力が大きくなると，融点や沸点も上がります。なぜなら，分子どうしの引力を断ち切るのに必要なエネルギーが増えるからです。

分子の枝分かれが少ないほどファンデルワールス力は強い

　同じ分子式の分子でも，形状が同じとは限りません。下の図1のように，**分子の表面積が大きく，直鎖状のものの方がファンデルワールス力は強くなります**。なぜなら，分子間で接近する面積が大きくなるからです。ファンデルワールス力は近くの分子間にしか作用しません。

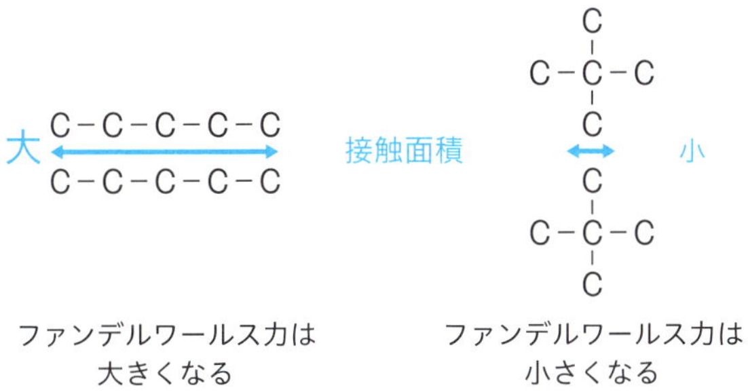

図1　分子の形状とファンデルワールス力の大きさの関係
※分子は，炭素原子以外を省略してかいている。

水から氷になるときに，体積が増加するのはなぜですか？

A 回 答

　一般に，物質は気体 → 液体 → 固体と状態変化するにつれて体積は減少していきます。なぜなら，粒子の熱運動が穏やかになる上に，分子間力の影響が大きくなるからです。気体，液体，固体は，この熱運動と分子間力の影響度によって変化します（図1）。

・気体：粒子は激しい熱運動をしており，分子間力の影響をほぼ受けず，空間を自由に飛び回っている
・液体：粒子の熱運動は気体に比べて穏やかで，分子間力の影響を受けながらも，相互の位置を変えながら自由に移動している
・固体：粒子は熱運動しているが，粒子間で強い引力（分子間力）がはたらいているため，相互の位置は変わらない

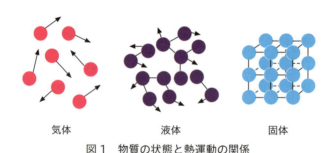

気体　　　　　　　　液体　　　　　　　　固体

図1　物質の状態と熱運動の関係

　一般的に，**固体は液体よりも粒子が詰まった密な状態になる**のですが，H_2O の場合は特殊です。H_2O の電子式は図2のようになっていますが，立体構造は図3のような四面体になっています（→質問17）。酸素原子に存在する2つの非共有電子対は，隣の水素原子と水素結合して安定になろうとするため，図4のように水分子どうしも四面体の配置を取ります。その結果，**隙間の大きな構造**になってしまうのです。温度を上げて液体にすれば，水素結合が切れ，水分子が隙間に入り込み密度が高くなるため，固体よりも体積が小さくなります。

図2　H_2O の電子式

図3　H_2O の立体構造

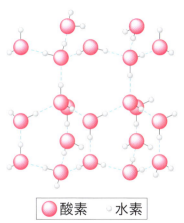

○酸素　　・水素

図4　固体になった水分子の構造

※ ---- は水素結合

　固体になると体積が増加する物質は水 H_2O だけでなく，ゲルマニウム Ge やビスマス Bi など，ごくわずかですが存在します。

04　酸と塩基

質問
26

酸と塩基に 2 つの定義（アレニウスの定義とブレンステッドの
定義）があるのはなぜですか？
定義が 2 つあることに納得がいかないです。

A 回答

　初めて酸と塩基を定義したのは**アレニウス**です。アレニウスは物質がイオン
に乖離する現象である電離を発見し，ノーベル賞も受賞しています。彼はこ
うした研究を元に「**酸は水に溶解すると H^+ を放出し，塩基は水に溶解すると
OH^- を放出する**」と唱えました。

　しかし，このアレニウスによる酸・塩基の定義には欠点もありました。それは，
水中で反応する酸と塩基しか説明できない点です。水に溶けない物質や，水以
外を溶媒とする物質を酸や塩基に定義できなかったのです。

　たとえば，水に溶ける硫酸や水酸化カリウムでは，

硫酸：$H_2SO_4 \longrightarrow 2H^+ + SO_4{}^{2-}$　　　…H^+ を放出しているので酸
水酸化カリウム：$KOH \longrightarrow K^+ + OH^-$　…OH^- を放出しているので塩基

とわかりますが，NH_3 や水に溶けない $Fe(OH)_3$ などはアレニウスの定義で
は判別できません。

　そこで，反応における **H^+ の授受に注目**し，酸は H^+ を与える物質，塩基は
H^+ を受け取る物質であるという定義にすべきだと提案したのが**ブレンステッ
ド**です。これによりアレニウスの定義では酸か塩基か判別できないものも，ブ
レンステッドの定義では判別できるようになりました。

　たとえば，$HCl + H_2O \longrightarrow H_3O^+ + Cl^-$ の反応では，H^+ を与えている HCl
が酸であり，H^+ を受け取っている H_2O が塩基であると判断できます。

　また，$H_2O + NH_3 \longrightarrow OH^- + NH_4{}^+$ の反応でも，H^+ を与えている H_2O が
酸であり，H^+ を受け取っている NH_3 が塩基であると判断できます。

類題にチャレンジ 9　　　　　　　　　　　　　　　　　　解答 → 別冊 p.9

　次のア〜カの反応のうち，下線を付けた物質が，ブレンステッド・ローリーの定義による酸としてはたらいているものをすべて選び，記号で答えよ。

ア　$\underline{HSO_3^-} + H_2O \longrightarrow SO_3^{2-} + H_3O^+$

イ　$\underline{HCO_3^-} + H_2O \longrightarrow H_2CO_3 + OH^-$

ウ　$\underline{NH_3} + HCl \longrightarrow NH_4Cl$

エ　$CaO + \underline{H_2O} \longrightarrow Ca(OH)_2$

オ　$HNO_3 + \underline{H_2O} \longrightarrow NO_3^- + H_3O^+$

カ　$CH_3COO^- + \underline{H_2O} \longrightarrow CH_3COOH + OH^-$

（広島大）

質問 27

電離度 0.02 で 1 価の弱酸 1 mol を中和させるのに必要な 1 価の強塩基は，0.02 mol ではないのですか？

 回 答

　電離度 0.02 で 1 価の弱酸 1 mol を中和させるのに必要な 1 価の強塩基は 1 mol です。たとえば，電離度 0.02 の酢酸 CH_3COOH 1 mol の中和に必要な水酸化ナトリウム $NaOH$ は 1 mol です。

　確かに，電離度 0.02 の酢酸 CH_3COOH 1 mol があっても，0.02 mol の H^+ しか存在していません。それは，電離平衡が CH_3COOH の方に偏っているからです。

　　$CH_3COOH \rightleftharpoons CH_3COO^- + H^+$　…①

　酢酸の電離定数 K_a は，25℃ において，

　　$K_a = \dfrac{[CH_3COO^-][H^+]}{[CH_3COOH]} = 2.8 \times 10^{-5}$ mol/L です。

　値が小さいということは，分子に対して分母が大きいことを意味しており，平衡が CH_3COOH 側（左辺）に傾いていることがわかりますね。

　しかし，$NaOH$ 溶液を加えると OH^- と H^+ が中和して H_2O になり，H^+ の濃度が小さくなるため，**①の平衡が右に移動します。**

　こうして，電離して生成した H^+ が $NaOH$ と中和されていくので，$CH_3COOH \longrightarrow CH_3COO^- + H^+$ という反応が進み，H^+ が "供給" されていきます。

　最終的に，すべての CH_3COOH が $CH_3COO^- + H^+$ となり，1 mol の酢酸 CH_3COOH と 1 mol の水酸化ナトリウム $NaOH$ でちょうど中和が完了するのです。

　よって，中和する酸と塩基の物質量の関係は，酸と塩基の強弱には無関係なのです。

類題にチャレンジ 10

解答 → 別冊 p.9

0.10 mol/L の水酸化ナトリウム水溶液で，濃度不明の酢酸水溶液 20 mL を滴定した。この滴定に関する記述として誤りを含むものを次のア～エのうちから 1 つ選べ。ただし，酢酸の電離度は 0.1 とする。

ア　滴定前の酢酸水溶液では，一部の酢酸が電離している。

イ　滴定に用いた水酸化ナトリウム水溶液の pH は 13 である。

ウ　滴定に用いた水酸化ナトリウム水溶液は，5.0 mol/L の水酸化ナトリウム水溶液を正確に 10 mL 取り，これを 500 mL に希釈して調製した。

エ　中和に要する水酸化ナトリウムの体積が 10 mL であったとき，もとの酢酸水溶液の濃度は 0.50 mol/L である。

（センター試験・改）

質問 28

pH＝5の塩酸を1000倍に薄めても，pH＝8にならないのはなぜですか？

A 回答

　強酸の水溶液を10倍ずつ希釈していくと，はじめのうちはpHが1ずつ増えていき，pHは7に近づいていきます。たとえば，pHが2の塩酸を10倍に薄めると，H^+の濃度は 1.0×10^{-2} mol/L から 1.0×10^{-3} mol/L になるので，pHは3になります。

　しかし，そのまま希釈していっても**pHは7を超えません**。たとえば，pH＝5の塩酸を1000倍に薄めてもpH＝8になることはないということです。なぜなら，**水の電離を無視できなくなるから**です。

　皆さんご存知のように，中性の水はpH＝7です。これが意味しているのは，H^+のモル濃度が 1.0×10^{-7} mol/L であるということです。つまり，水1L中にH^+が 1.0×10^{-7} mol しか存在しないということになります。

　水1L中に H_2O は55.6 mol存在します（水の密度は1 g/cm^{3}で，H_2O は18 g/mol なので，1000 cm$^3 \times 1$ g/cm$^3 \div 18$ g/mol ≒ 55.6 mol）。よって，55.6 mol の H_2O のうち，1.0×10^{-7} mol しか電離していないということです（図1）。

　そんな水に多量のH^+を加えてできる酸の水溶液では，水の電離（$H_2O \rightleftharpoons H^+ + OH^-$）によって生じる$H^+$は無視できるほど小さいで

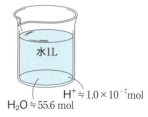

図1　水1Lに含まれる水分子と水素イオン

す。しかし，H^+の濃度が 1.0×10^{-7} mol/L に近くなると，水の電離で生じるH^+が無視できなくなるのです（p.63 図2）。

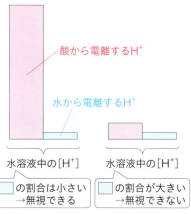

pHが小さいとき　　pHが大きいとき

酸から電離するH⁺

水から電離するH⁺

水溶液中の[H⁺]　　水溶液中の[H⁺]

□の割合は小さい
→無視できる

□の割合が大きい
→無視できない

図2　水溶液中で，酸から電離するH⁺と水から電離するH⁺の規模感の違い

　まるで，ご飯にたくさんのふりかけをかけるとご飯の味はほとんどしませんが，ふりかけの量が少なくなるとだんだんご飯自体の味が感じられるようですね。

　実際に計算してみましょう。

　塩酸のpHが5のとき，$[\mathrm{H^+}] = 1.0 \times 10^{-5}$ mol/L です。この塩酸を1000倍に薄めると，HClの電離によって生じる$\mathrm{H^+}$は，

$$\mathrm{HCl} \longrightarrow \mathrm{H^+} + \mathrm{Cl^-}$$

1.0×10^{-8} mol/L

です。しかし，これとは別に水の電離も考えます。水がx〔mol/L〕電離しているとすると，

$$\mathrm{H_2O} \rightleftharpoons \mathrm{H^+} + \mathrm{OH^-}$$

x〔mol/L〕　x〔mol/L〕

となります。

水のイオン積は常に $[H^+][OH^-] = 1.0 \times 10^{-14}$ が成り立つので，これに上記で出した濃度を使って等式を立てると，

$$[H^+][OH^-] = (x + 1.0 \times 10^{-8})x = 1.0 \times 10^{-14}$$

となります。これを解くと，

$$x^2 + 1.0 \times 10^{-8}x - 1.0 \times 10^{-14} = 0$$

$$x = \frac{-1.0 \times 10^{-8} \pm \sqrt{1.0 \times 10^{-16} + 4 \times 1.0 \times 10^{-14}}}{2} \fallingdotseq \frac{-1.0 \times 10^{-8} \pm 2 \times 10^{-7}}{2}$$

　$x > 0$ なので，$x \fallingdotseq 9.5 \times 10^{-8}$ mol/L

　よって，$[H^+] = 1.05 \times 10^{-7}$ mol/L で，pH $\fallingdotseq 6.98$

　以上の計算から，pH は 7 に近くなりますが，超えることはないことが確認できました。

　単純に考えれば，塩基を加えていないのに酸性であるものをいくら薄めたとしても塩基性になることはありませんが，上述のように実際に計算して証明できるようにしておくとよいでしょう。

質問 29

ホールピペット，メスフラスコ，ビュレットを乾燥機で乾燥させていけないのはなぜですか？
また，中和滴定の際に使用するコニカルビーカーは水で濡れていても問題ないのはなぜですか？

回答

乾燥機で乾燥していいか？

　ガラス器具は，乾燥機で乾燥させると変形してしまう可能性があります。よって，**体積を正確に測るための実験器具を，乾燥機で乾燥させてはいけません。**一方，コニカルビーカーのように，反応の場として使うだけのガラス器具は乾燥機で乾燥させても構いません。

水に濡れたままでいいか？

　後々水を追加する場合は，水で濡れたまま使用してよいわけです。たとえば，水を飲むために流しにあったコップを洗った場合，わざわざ乾燥させる必要はありませんよね？すぐに水を入れて飲むので。それと同じことです。

　このように，それぞれの実験器具の役割によって，乾燥機で乾燥させていいのか，水で濡れていていいのか，決まるわけです。では，それぞれの役割について見ていきましょう。

メスフラスコ

　一定濃度の溶液を一定体積つくるために使用します。そのため乾燥機で乾燥させてはいけません。試薬を入れ，水を加えて調製するので，最初に水で濡れていても問題ありません。

ホールピペット

　ある濃度の体積を正確に量りとるために使われます。そのため乾燥機で乾燥させてはいけません。また，濃度が変わってはいけないため，ホールピペット内が水で濡れていてはいけません。それを防ぐために**標準溶液で共洗いしてから使います。**

ビュレット

　ビュレットはある濃度の溶液をどれだけ滴下したか正確に知るために使われます。そのため乾燥機で乾燥させてはいけません。また，濃度が変わってはいけないので，水滴などがついていてはいけません。濃度を変えないために**ビュレットに使用する溶液で共洗いしてから使います**。

コニカルビーカー

　コニカルビーカーは，ビュレットから落ちてくる濃度未知の溶液を受け止める反応場として用います。コニカルビーカーが水で濡れていても反応物の物質量は変わらないので，水で濡れていても問題ありません。また，乾燥機で乾燥させても問題ありません。

　最後に，それぞれの実験器具の形をまとめた図と，ここまでの説明をまとめた表を載せておくので，確認しておきましょう。

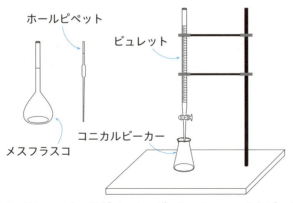

図1　メスフラスコ，ホールピペット，ビュレット，コニカルビーカーの形

実験器具	乾燥機で乾燥させていいか	水で濡れていてもいいか
メスフラスコ	×	○
ホールピペット	×	×
ビュレット	×	×
コニカルビーカー	○	○

質問 30

正確な濃度の水酸化ナトリウム水溶液をつくるのが難しい理由を教えてください。

A 回答

理由は大きく二つあります。

一つは，水酸化ナトリウムの代表的な性質である**潮解性**があるためです。潮解性とは，固体が空気中の水分を吸収して水溶液になる性質のことです。固体の水酸化ナトリウムを量ろうとすると，水酸化ナトリウムが空気中の水分を吸収して溶けてしまい，水の分だけ質量が増加してしまいます。このため，正確な水酸化ナトリウムの固体の質量を量るのは難しいのです。

顆粒状の水酸化ナトリウムを空気中に取り出すと，右の図1のように，すぐに水分を吸収して潮解します。すでに容器の中で潮解していることも多いです。

図1　水酸化ナトリウムが潮解する様子

もう一つは，水酸化ナトリウムは，水溶液のときに空気中の二酸化炭素と反応するためです。水酸化ナトリウムは強塩基のため，酸性の二酸化炭素と反応することによって一部が炭酸水素ナトリウム，もしくは炭酸ナトリウムになるのです。

$$NaOH + CO_2 \longrightarrow NaHCO_3$$
$$2NaOH + CO_2 \longrightarrow Na_2CO_3 + H_2O$$

上記のような理由から，水酸化ナトリウムの正確な濃度を求めようと思った場合，NaOH の固体を量って求めるのではなく，中和滴定によって求めるのです。

潮解性をもつ NaOH 以外の物質には，KOH, $MgCl_2$, $CaCl_2$ などがあります。潮解性をもつ物質は一般に強い吸湿性をもち，この吸湿性を利用して乾燥剤に使われることがあります。

類題にチャレンジ 11

解答 → 別冊 p.10

水酸化ナトリウムの固体の性質や中和滴定における水酸化ナトリウムの性質について次の問 1〜問 3 に答えよ。

問 1　水酸化ナトリウムの固体が二酸化炭素を吸収することによって起こる変化を，化学反応式で示せ。

問 2　水酸化ナトリウムの固体による水蒸気の吸収が進むと，水酸化ナトリウムの一部が水溶液になる。この変化を何とよぶか答えよ。

問 3　次の文章の（あ）・（い）に入る適切な語句を，下のア〜ウから選び，記号で答えよ。

水酸化ナトリウムの固体が空気中の二酸化炭素や水蒸気を吸収すると，固体の質量は（あ）。したがって，ある質量の固体を量りとったとき，二酸化炭素や水蒸気を吸収した固体に含まれる実際の水酸化物イオンの物質量は，固体が水酸化ナトリウムだけを含んでいると考えた場合より（い）。

ア　小さくなると予測される
イ　大きくなると予測される
ウ　小さくなるか大きくなるか予測できない

（金沢大・改）

市販の食酢（酢酸水溶液）の濃度を測る実験がありますが，操作が多すぎて何をしているのかわかりません。

A 回答

市販の食酢（酢酸水溶液）の濃度を測る問題は，中和滴定の問題でよく出てきます。実際の出題例をもとに見ていきましょう。

例題 食酢中の酢酸含有量を，水酸化ナトリウム水溶液を用いて調べた。水酸化ナトリウム水溶液の正確な濃度は，水酸化ナトリウムを空気中で量りとって水に溶解するだけではわからない。そのため，シュウ酸を使って滴定に用いる水酸化ナトリウム水溶液の正確な濃度を算出する必要がある。そこで，次の実験1〜実験4を行った。下の問1・問2に答えよ。

実験1 水酸化ナトリウム約3gを蒸留水に加えて1Lの水溶液をつくった。

実験2 シュウ酸二水和物 $(COOH)_2 \cdot 2H_2O$（分子量126）の結晶6.30gを正確に量りとり，蒸留水を加えて500mLの水溶液をつくった。

実験3 実験2でつくったシュウ酸水溶液2.50mLを正確に量りとり，指示薬を2〜3滴加えた。この溶液に，実験1でつくった水酸化ナトリウム水溶液7.25mLを滴下すると，2段階目の中和が完了した。

実験4 密度 $1.0\,g/cm^3$ の食酢0.50mLを正確に量りとり，蒸留水を加えて適当に希釈した。この溶液を実験3と同様に指示薬を用いて水酸化ナトリウム水溶液で滴定したところ，6.70mLを滴下したところで溶液の色が変化し，中和の完了を確認した。

問1 水酸化ナトリウム水溶液の正確なモル濃度を算出し，有効数字2桁で答えよ。

問2 食酢中の酢酸の質量パーセント濃度は何％か。有効数字2桁で答えよ。ただし，食酢中に含まれる酸性成分はすべて酢酸であるとする。また，酢酸の分子量は60とする。

（九州工業大・改）

実験1～3では，水酸化ナトリウム水溶液をつくって濃度を求めています。「水酸化ナトリウム約3gを蒸留水に加えて」とあることから，この3gをそのまま使って計算してはいけなそうだということはわかるかと思います。

質問30で説明したように，水酸化ナトリウム水溶液は正確な濃度を得るのが難しいという問題点があります。なので，使用直前に酸の標準溶液（この場合はシュウ酸水溶液）で滴定し，**水酸化ナトリウム水溶液の正確な濃度を同定してから**，この水酸化ナトリウム水溶液で酢酸を滴定しています。ここまでを実験1～3で行っているのです。

このことを踏まえて，問題を解いていきましょう。

問1　まず，水酸化ナトリウム水溶液のモル濃度を求めてみましょう。

中和点とは，酸の価数×物質量＝塩基の価数×物質量が成り立つ時点のことでした。中和点では，m 価，c〔mol/L〕の酸 V〔mL〕と，m' 価，c'〔mol/L〕の塩基 V'〔mL〕の間に，以下の式が成り立っています。

$$m \times c \times \frac{V}{1000} = m' \times c' \times \frac{V'}{1000}$$

$\underline{\text{H}^+\text{の物質量}}$　　$\underline{\text{OH}^-\text{の物質量}}$

実験2でつくったシュウ酸水溶液のモル濃度は，

$\dfrac{6.30\,\text{g}}{126\,\text{g/mol}} \div \dfrac{500}{1000}\,\text{L} = 0.100\,\text{mol/L}$ です。また，シュウ酸は，$(\text{COOH})_2$ という分子式からわかるように2価の酸です。よって，このシュウ酸水溶液 2.50 mL が放出する H^+ の物質量は，$2 \times 0.100\,\text{mol/L} \times \dfrac{2.50}{1000}\,\text{L}$ となります。

一方，水酸化ナトリウムは1価の塩基なので，水酸化ナトリウム水溶液の濃度を x〔mol/L〕とすると，$1 \times x$〔mol/L〕$\times \dfrac{7.25}{1000}\,\text{L}$ の OH^- を放出します。

よって，$2 \times 0.100\,\text{mol/L} \times \dfrac{2.50}{1000}\,\text{L} = 1 \times x$〔mol/L〕$\times \dfrac{7.25}{1000}\,\text{L}$

が成り立つことから，水酸化ナトリウム水溶液のモル濃度は，

$x = \dfrac{0.500}{7.25}\,\text{mol/L} = 6.89 \times 10^{-2}\,\text{mol/L} \fallingdotseq 6.9 \times 10^{-2}\,\text{mol/L}$

となります。

問2　水酸化ナトリウム水溶液のモル濃度がわかったので，続いて食酢中の酢酸の質量パーセント濃度を求めましょう。食酢中の酢酸のモル濃度を y〔mol/L〕とすると，中和の公式から，

$$1 \times y \,〔\text{mol/L}〕 \times \frac{0.50}{1000}\,\text{L} = 1 \times \frac{0.500}{7.25}\,\text{mol/L} \times \frac{6.70}{1000}\,\text{L}$$

が成り立つので，$y = \dfrac{6.70}{7.25}\,\text{mol/L}$ となります。

　　　$x = \dfrac{0.500}{7.25}\,\text{mol/L}$ や $y = \dfrac{6.70}{7.25}\,\text{mol/L}$ のように，途中で出てくる分数は小数にしない方が後の計算がラクになります。

　モル濃度がわかれば，質量パーセント濃度を求めることもできます。

$$質量パーセント濃度〔\%〕 = \frac{溶質の質量〔\text{g}〕}{溶液の質量〔\text{g}〕} \times 100$$

ですから，分母（溶液の質量）と分子（溶質の質量）をそれぞれ求めます。

分母：1 L の食酢を想定するとわかりやすいです。1 L（$= 10^3\,\text{cm}$）の食酢の質量は，密度が $1.0\,\text{g/cm}^3$ なので，$1.0 \times 10^3\,\text{g}$ です。これが溶液の質量です。

分子：食酢中の酢酸のモル濃度は $\dfrac{6.70}{7.25}\,\text{mol/L}$ なので，1 L の食酢には $\dfrac{6.70}{7.25}\,\text{mol}$ の CH_3COOH（溶質）が含まれています。CH_3COOH は $60\,\text{g/mol}$ なので，$\dfrac{6.70}{7.25} \times 60\,\text{g}$ となります。

　よって，酢酸の質量パーセント濃度は，

$$\frac{\dfrac{6.70}{7.25} \times 60\,\text{g}}{1.0 \times 10^3\,\text{g}} \times 100 = 5.54\,\% \fallingdotseq 5.5\,\%$$

となります。

質問 **32** 「食品中に含まれる窒素は何％か」という問題が，何をしているのかよくわかりません。

A 回答

次の例題をもとに解説していきます。

例題 ある食品 5.0 g に濃硫酸を加えて加熱し，食品に含まれる窒素 N をすべて硫酸アンモニウムにした。ここに濃厚な水酸化ナトリウム水溶液を加えて加熱し，アンモニアを発生させ，濃度が 0.10 mol/L で 48 mL の希硫酸に完全に吸収させた。この溶液を 0.30 mol/L の水酸化ナトリウム水溶液で滴定したところ，15 mL を要した。

問1 発生したアンモニアの物質量〔mol〕を，有効数字2桁で求めよ。

問2 この食品に含まれる窒素の質量パーセントを有効数字2桁で答えよ。ただし，原子量は H＝1.0，N＝14 とする。

試料（食品）中の窒素含有量を求めるために行われている実験は**ケルダール法**とよばれます。ケルダール法とは，試料（食品）中に存在する窒素原子 N をすべてアンモニア NH_3 に変化させ，NH_3 の発生量を同定することで間接的に窒素原子 N の含有量を特定する方法のことです。

まず，**窒素原子 N がすべて NH_3 になるところがポイント**です。つまり，発生した NH_3 が x〔mol〕だとわかったら，試料中の窒素原子 N も x〔mol〕であることがわかるということです。

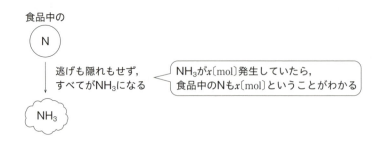

食品中の N

逃げも隠れもせず，すべてが NH_3 になる

NH_3 が x〔mol〕発生していたら，食品中の N も x〔mol〕ということがわかる

NH_3

では，発生した NH_3 の物質量〔mol〕はどう求めたらよいでしょうか？塩基の物質量を求めるので，中和滴定をすればよさそうです。ところが，NH_3 は気体なので，中和滴定を行うことができません。酸と塩基がともに水溶液ならば，中和滴定ができるのですが……。そこで，次のように工夫する必要があります。

図解しながら説明しましょう。まず，①NH_3 を過剰量の希硫酸に吸収させます。こうすると，硫酸 H_2SO_4 が放出する H^+ が，NH_3 aq が放出する OH^- と中和した後，中和していない硫酸が残った水溶液ができますよね。この水溶液であれば，塩基の水溶液と中和滴定ができるわけです。そこで，②未反応の硫酸を水酸化ナトリウム水溶液で滴定します。

中和点では，H^+ の物質量〔mol〕＝OH^- の物質量〔mol〕の関係が成り立っているので，

H_2SO_4 が放出する H^+〔mol〕
　＝NH_3 aq が放出する OH^-〔mol〕＋NaOH が放出する OH^-〔mol〕

を立式すれば，NH_3 の物質量〔mol〕が求まります。つまり，NH_3 を吸収した H_2SO_4 の物質量と，未反応の H_2SO_4 を中和しきるのに費やした NaOH の物質量から，間接的に，NH_3 の発生量を同定することができるのです。

以上を踏まえて，例題を解いていきましょう。

問1　発生したアンモニアを x〔mol〕とします。この発生したアンモニアを吸収させた硫酸が 0.30 mol/L の水酸化ナトリウム水溶液と中和反応をしたので，中和反応の式より，

$$\underline{2} \times 0.10 \text{ mol/L} \times \frac{48}{1000} \text{ L} = \underline{1} \times x + \underline{1} \times 0.30 \text{ mol/L} \times \frac{15}{1000} \text{ L}$$

　　　2価の酸　　　　　　1価の塩基　　　1価の塩基

これを解くと，$x = 5.1 \times 10^{-3}$ mol となります。

問2　食品に含まれる窒素原子 N は，すべてアンモニア NH_3 の状態になって
いるので，食品中の N の物質量〔mol〕は問 1 で求めた値と等しくなります。
よって，食品 5.0 g に含まれる窒素原子 N の質量は，

$$5.1 \times 10^{-3} \text{ mol} \times 14 \text{ g/mol} = 7.14 \times 10^{-2} \text{ g}$$

となり，その質量パーセントは，

$$\frac{7.14 \times 10^{-2} \text{ g}}{5.0 \text{ g}} \times 100 \fallingdotseq 1.4\%$$

となります。

05　酸化還元反応

質問 33

酸化剤と還元剤の反応で，「硫酸酸性で，過マンガン酸カリウム水溶液と過酸化水素水を反応させたとき……」とありますが，なぜ硫酸を加えて酸性にするのですか？
塩酸や硝酸ではいけないのですか？

A 回答

　まず，過マンガン酸カリウムで酸化還元滴定を行う際に，**酸性下で行う**理由から説明しましょう。過マンガン酸イオン MnO_4^- は下記のように，溶液を酸性・中性・塩基性のどれにするかで反応が変わってきます。

$$酸性　　　：MnO_4^- + 8H^+ + 5e^- \longrightarrow Mn^{2+} + 4H_2O$$
$$中性・塩基性：MnO_4^- + 2H_2O + 3e^- \longrightarrow MnO_2 + 4OH^-$$

　上記を比べると，**酸性の反応式が最も多くの e^- を受け取っている**ことがわかります。より多くの電子を受け取る方が酸化剤としていいので，過マンガン酸カリウムは酸性下で使われます。

　しかし，酸性にするために加える物質が酸化還元反応を起こしてしまうようなものでは正確に定量ができなくなってしまいます。**そこで，還元剤としても酸化剤としてもはたらかない硫酸を用いて酸性にするのです。**

塩酸を使用した場合

塩酸は強酸のため，H^+とCl^-に電離します。このとき生成する塩化物イオン Cl^-は還元剤としてはたらきます。還元剤としてはたらくCl^-の反応を，e^- を含むイオン反応式（半反応式）で表すと，次のようになります。

$$2Cl^- \longrightarrow Cl_2 + 2e^-$$

よって，Cl^-と過マンガン酸イオンMnO_4^-は，次のように反応します。

$$10Cl^- + 2MnO_4^- + 16H^+ \longrightarrow 5Cl_2 + 2Mn^{2+} + 8H_2O$$

このように，MnO_4^-がCl^-との反応に使われてしまうと正確な定量ができ ないため，塩酸は酸性にする物質としては不適切と言えます。

硝酸を使用した場合

濃硝酸，希硝酸は代表的な酸化剤で，次のように酸化剤としてはたらきます。

濃硝酸：$HNO_3 + H^+ + e^- \longrightarrow NO_2 + H_2O$
希硝酸：$HNO_3 + 3H^+ + 3e^- \longrightarrow NO + 2H_2O$

本来は過マンガン酸カリウムで定量したいのに，硝酸自身が還元剤と反応し てしまいます。これでは正確な定量ができないため，硝酸は酸性にする物質と しては不適切と言えます。

質問 34

酸化剤でもあり還元剤でもある物質は，酸化還元反応のときにどうやって使い分ければいいのですか？

A 回答

高校化学において，酸化剤としても還元剤としてもはたらく物質として知っておかなくてはならないのは，過酸化水素 H_2O_2 と二酸化硫黄 SO_2 です。それぞれ，酸化剤・還元剤としてはたらく際の変化を e^- を含むイオン反応式（半反応式）で表すと，以下の通りになります。

H_2O_2 （酸化剤）$H_2O_2 + 2H^+ + 2e^- \longrightarrow 2H_2O$

（還元剤）$H_2O_2 \longrightarrow 2H^+ + O_2 + 2e^-$

SO_2 （酸化剤）$SO_2 + 4H^+ + 4e^- \longrightarrow S + 2H_2O$

（還元剤）$SO_2 + 2H_2O \longrightarrow SO_4{}^{2-} + 4H^+ + 2e^-$

では，過酸化水素と二酸化硫黄は，どんなときに酸化剤となり，どんなときに還元剤となるのでしょうか？

それは，**反応する相手の物質次第**という回答になります。相手の物質が酸化剤としてしかはたらかない場合，自身は還元剤となります。

たとえば，過酸化水素とヨウ化カリウムが反応する場合，ヨウ化カリウムは還元剤としてのはたらきしかないため（$2I^- \longrightarrow I_2 + 2e^-$），過酸化水素 H_2O_2 は酸化剤としてはたらきます。

類題にチャレンジ 12

解答 → 別冊 p.11

濃度不明の過酸化水素水 10.0 mL を希硫酸で酸性にし，これに 0.0500 mol/L の過マンガン酸カリウム水溶液を滴下した。滴下量が 20.0 mL のときに赤紫色が消えずにわずかに残った。この過酸化水素水の濃度〔mol/L〕を求めよ。

（センター試験・改）

質問 35 COD 滴定というものが問題集で出てきたのですが，何をしているのかわかりません。

A 回答

　海域や湖沼がどれだけ汚染されているのか測定するときに用いられる水質の指標に，**COD（化学的酸素要求量）**があります。

　COD 滴定は大きく 3 ステップに分かれています。

①水中の有機物を酸化剤（過マンガン酸カリウムなど）で完全に酸化させる。

②酸化剤の消費量を酸化還元滴定で求める。

③酸化剤の消費量を酸素の量に換算する。

> 　酸素量（酸化剤の消費量）が多いことは，水中の有機物が多いことを意味しており，その場合は COD が高くなります。水中の有機物が多いと，それを餌にするプランクトンが大量発生し，水中の酸素を消費するため海洋や湖沼に悪影響を与えます。よって，COD が高いことは汚染されていることを意味します。

それでは，具体的な例題を用いて，COD 滴定について見てみましょう。

> **例題**　COD（化学的酸素要求量）は，水中の汚濁物質（主として有機物）を酸化剤で化学的に分解するときに必要となる酸素量のことで，海域や湖沼の水質汚濁に関わる環境基準の項目として重要である。日本では酸化剤として過マンガン酸カリウムを使用し，その消費量を対応する酸素量に換算して表す。COD の単位は試料水 1 L あたりの酸素消費量〔mg〕で表される。以下に示した COD の測定手順（手順 1〜5）を読んで，下の問 1〜4 に答えよ。ただし原子量は，O = 16 とする。

手順1　試料水 100 mL をコニカルビーカーに入れ，そこに 6.0 mol/L 硫酸 10 mL を加える（溶液1）。

手順2　溶液1に 5.0×10^{-3} mol/L 過マンガン酸カリウム水溶液を 10 mL 加え，100℃ で 30 分加熱する。加熱する操作の前後で，溶液の色がほとんど変化していないことを確認する（溶液2）。

手順3　溶液2に 1.25×10^{-2} mol/L シュウ酸 $(COOH)_2$ 水溶液を 10 mL 加えよく振り混ぜ，溶液2に含まれる酸化剤をすべて還元する（溶液3）。

手順4　溶液3に残存するシュウ酸の量を，5.0×10^{-3} mol/L 過マンガン酸カリウム水溶液で滴定して求める。

手順5　試料水中の汚濁物質を酸化するために使用した過マンガン酸カリウムの量を求め，対応する酸素量に換算して COD 値とする。

問1　手順1では，硫酸を用いて試料水を希硫酸水溶液としている。硝酸を用いてはいけない理由を述べよ。

問2　手順3において，過マンガン酸カリウムとシュウ酸の酸化還元反応の化学反応式を書け。

問3　COD の測定には酸化剤として過マンガン酸カリウムを使用する。過マンガン酸カリウム 1 mol は何 g の酸素に相当するか，説明を加えたうえで答えよ。ただし，酸素による酸化は次のように電子を含むイオン反応式で表される。

$$O_2 + 4H^+ + 4e^- \longrightarrow 2H_2O$$

問4　奈良県にある室生ダム湖から採取した試料水の COD をこの測定手順に従って測定したところ，4.0 mg/L であった。手順4で使用した過マンガン酸カリウム水溶液の滴定量は何 mL か。測定手順をふまえて計算方法を説明し，計算過程を示して有効数字2桁で答えよ。

（奈良県立医科大・改）

手順1・手順2では，試料中の有機物（＝還元剤）に対して，過剰量の過マンガン酸カリウムを加えて酸化させています。過マンガン酸カリウムは赤紫色なので，このとき溶液は赤紫色になっています（図1）。

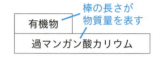

図1　手順2終了時点での状態

物質量が不明の有機物をすべて酸化させるために，有機物に比べて過剰量の過マンガン酸カリウムを加えて，十分な時間加熱させています。

この結果，溶液には還元されていない過マンガン酸カリウムが残った状態になります。

そこで手順3では，過剰量のシュウ酸を加え，先ほどの過マンガン酸カリウムをすべて還元しています。色は赤紫色から無色透明になります（図2）。

図2　手順3終了時点での状態

ここで，シュウ酸で滴定すれば，酸化還元滴定が終了するように思うかもしれませんが，あえて過剰量加えています。なぜかというと，シュウ酸で過マンガン酸カリウムを滴定すると終点が見つけにくい（赤紫色から無色への変化）こと，そして，過マンガン酸カリウムとシュウ酸によって生成された Mn^{2+} が，過剰量存在する過マンガン酸イオン MnO_4^- と反応して MnO_2 になってしまうことが理由として挙げられます。

シュウ酸を過剰量加えたので、手順4では過マンガン酸カリウムを加えて滴定します。無色透明から赤紫色になった瞬間が終点です（図3）。

有機物	シュウ酸
過マンガン酸カリウム	過マンガン酸カリウム

赤紫色

図3　手順4終了時点での状態

以上を踏まえて、例題を解いていきましょう。

問1　これはCOD滴定とは直接関係ありませんが、質問33の復習のために解きましょう。硝酸を用いてはいけないのは、**酸化剤としてはたらいてしまうから**ですね。

問2　それぞれの e^- を含むイオン反応式（半反応式）を求め、e^- を消してイオン反応式にしたあと、K^+、SO_4^{2-} を加えて化学反応式にします。

$$2KMnO_4 + 3H_2SO_4 + 5(COOH)_2$$
$$\longrightarrow K_2SO_4 + 2MnSO_4 + 8H_2O + 10CO_2$$

問3　過マンガン酸カリウムが酸化剤としてはたらく反応を、e^- を含むイオン反応式で表すと、

$$MnO_4^- + 8H^+ + 5e^- \longrightarrow Mn^{2+} + 4H_2O$$

となります。また、酸素が酸化剤としてはたらく反応を、e^- を含むイオン反応式で表すと、

$$O_2 + 4H^+ + 4e^- \longrightarrow 2H_2O$$

となります。これらの反応式から、過マンガン酸カリウムは1molで e^- を5mol受け取る一方、酸素は1molで e^- を4molしか受け取れないことがわかります。過マンガン酸カリウム1molと同じだけ酸化させるには、酸素は $\dfrac{5}{4}$ mol（過マンガン酸カリウムより少し多めに）用意しなければならないということです。これを質量換算すると、$\dfrac{5}{4}$ mol × 32 g/mol = **40 g** となります。

問4　問3から，COD が 40 g/L であれば，過マンガン酸カリウムを 1 mol 消費したことを意味します。COD が 4.0 mg/L だったということから，1.0×10^{-4} mol の過マンガン酸カリウムを消費したということになります。ただし，今回の試料水は 100 mL だったので，過マンガン酸カリウムは 1.0×10^{-5} mol 消費していることに注意が必要です。

　さて，過マンガン酸カリウム水溶液は，

①はじめに 5.0×10^{-3} mol/L×10 mL 加えており，

②有機物を酸化するのに 1.0×10^{-5} mol 消費しており，

③さらに x〔mL〕加えて滴定していました。

　一方，シュウ酸は，1.25×10^{-2} mol/L×10 mL 加えています。問2の反応式から，$KMnO_4$：$(COOH)_2$＝2：5 で反応するので，

$$5.0 \times 10^{-3}\,\text{mol/L} \times \frac{10}{1000}\,\text{L} - 1.0 \times 10^{-5}\,\text{mol} + 5.0 \times 10^{-3}\,\text{mol/L} \times \frac{x}{1000}\,〔\text{L}〕$$

$$= (4.0 \times 10^{-5} + 5.0 \times 10^{-6}x)\,〔\text{mol}〕$$

と，$1.25 \times 10^{-2}\,\text{mol/L} \times \dfrac{10}{1000}\,\text{L} = 1.25 \times 10^{-4}\,\text{mol}$ が，2：5 の比になります。

すなわち，

$$(4.0 \times 10^{-5} + 5.0 \times 10^{-6}x)\,〔\text{mol}〕 : 1.25 \times 10^{-4}\,\text{mol} = 2 : 5$$

> 整理すると，
> $(40 + 5x) : 125 = 2 : 5$

が成り立ち，これを解くと，$x = 2.0$ mL となります。

質問 36

ヨウ素滴定が何をしているのかわかりません。

 回答

　ヨウ素滴定とは，濃度が未知の還元剤に，酸化剤であるヨウ化カリウム KI を過剰量加えてすべてヨウ素 I_2 にし，このヨウ素 I_2 をチオ硫酸ナトリウムで滴定することです。

　次の具体例を用いて，ヨウ素滴定の解説をしていきましょう。

例題　濃度がわからない過酸化水素水 10.0 mL に，希硫酸と 0.30 g のヨウ化カリウムを加えて十分に振り混ぜ，過酸化水素を完全に反応させた。この試料溶液にデンプン水溶液を少量加えたところ，溶液中のヨウ素により試料溶液は紫色に着色した。次に，濃度 0.0500 mol/L のチオ硫酸ナトリウム $Na_2S_2O_3$ 水溶液を用いて試料溶液の滴定を行った。その結果，ヨウ素デンプン反応による紫色が消える終点までに，チオ硫酸ナトリウム水溶液が 6.00 mL 必要であった。

問　この実験に用いた過酸化水素水のモル濃度〔mol/L〕を有効数字 2 桁で求めよ。なお，この実験に関係する酸化還元反応は，次の式①および式②のみとする。すなわち，チオ硫酸イオン $S_2O_3^{2-}$ と反応するヨウ素の物質量は，過酸化水素とヨウ化物イオンの反応により生成したヨウ素の物質量に等しいと考えよ。

$$H_2O_2 + 2H^+ + 2I^- \longrightarrow 2H_2O + I_2 \quad \cdots ①$$
$$I_2 + 2S_2O_3^{2-} \longrightarrow 2I^- + S_4O_6^{2-} \quad \cdots ②$$

（滋賀県立大・改）

　この例題のヨウ素滴定は，2 つの手順から成り立っています。

手順 1：濃度未知の水溶液の過酸化水素をすべて反応させるために，ヨウ化カリウムを過剰量加えます（式①）。このとき，ヨウ素 I_2 が生成します。

$$\underline{H_2O_2} + 2H^+ + 2I^- \longrightarrow 2H_2O + \underline{I_2} \quad \cdots ①$$

　　1 mol　　　　　　　　　　　　　　　　　　1 mol

式①から，H_2O_2 1 mol に対し，I_2 が 1 mol 生成していることがわかります。

よって，**I_2 の物質量〔mol〕を同定すれば H_2O_2 の物質量〔mol〕も同定できる**わけです。

手順2：生成したヨウ素 I_2 の物質量を滴定で同定します。これによって，間接的に濃度未知の過酸化水素水の濃度を求めているのです。この際，デンプン水溶液を加えて滴定の終点を見つけます。

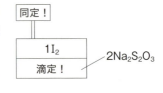

I_2 を同定するために行っている滴定の式②から，ヨウ素 I_2 とチオ硫酸イオン $S_2O_3^{2-}$ が 1：2 で反応していることがわかります。

$$\underset{1\ :\ 2}{I_2 + 2S_2O_3^{2-}} \longrightarrow 2I^- + S_4O_6^{2-} \quad \cdots②$$

これを立式すると，ヨウ素 I_2 の物質量を x〔mol〕とすれば，

$$x\,〔mol〕：0.0500 \text{ mol/L} \times \frac{6.00}{1000} \text{L} = 1：2$$

これを解くと，$x = 1.5 \times 10^{-4}$ mol となります。

　以上を踏まえて，過酸化水素水のモル濃度〔mol/L〕を求めましょう。式①から，ヨウ素 I_2 が 1.5×10^{-4} mol 生成したということは，過酸化水素も 1.5×10^{-4} mol あったということがわかります。求めるモル濃度を y〔mol/L〕とすると，

$$y\,〔mol/L〕\times \frac{10.0}{1000} \text{L} = 1.5 \times 10^{-4} \text{ mol}$$

となりますから，これを解くと，$y = 1.5 \times 10^{-2}$ mol/L となります。

06　物質の状態

気体分子の速さの分布で，どうして温度を上げた方が山の高さ
は低くなるのですか？

A 回答

　気体分子の速さの分布は，低温のときと高温のときとで，下の図 1 のような
違いが現れます。

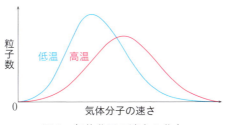

図 1　気体分子の速さの分布

　一見，赤色（右寄り）の山の方が山の高さが低くなっているので，こちらの
方が温度も低いと思うかも知れません。しかし，重要なのは山の高さではあり
ません。

　このグラフが何を意味しているかをイメージすることから始めましょう。

　ある県に全校生徒 1000 人の高校があり，50 m 走を走る速さを横軸，その人
数を縦軸にしたとします。この高校に有名なコーチが来て全員にトレーニング
をした結果，学校全体の平均記録が上がりました。では，どちらがトレーニン
グ後のグラフだと思いますか？

　答えは，赤色（右寄り）のグラフですよね。赤色のグラフの方が，足の速い
人が増え，足の遅い人が減っているからです。

では，どうして山の高さが低くなったかというと，トレーニングを受けても
なかなか足の速さが伸びない生徒も一定数はいるため，タイムの遅い人は一定
数残るからです。全校生徒の数は一定なので，その分，どうしても山の高さは
低くなってしまいます。

　同じことが，気体にもいえます。
　気体がある温度だったとしても，すべての粒子が同じ速度で動いているわけ
ではなく，上記のように**速いものから遅いものまでが混合しており，その平均
で温度が決まります。**
　高温のグラフの方が右側に分布が偏るわけですが，低速な気体は必ず一定存
在します（低温のときと比べて割合は減りますが）。温度をいくら変えても温
度変化の前後で粒子数は変わらないため，結果として山の高さは低くなるので
す。

質問 **38**

化学

水銀柱に気体を入れる実験で，何をしているのかよくわかりません。

A 回答

　水銀柱の問題は，**気体の圧力を測る**ときに使われます。なぜなら，**大気圧と水銀柱の高さの間に比例関係がある**からです。

　ここで，順を追って見ていきましょう。

　まず，試験管を用意し，水銀に沈めるとします（図1）。

図1　水銀に沈めた試験管

　ここからゆっくり試験管を引き上げていくと，どうなるでしょうか？普通に考えると，次の図2のように，水銀面はそのままで試験管だけが引き上げられそうです。

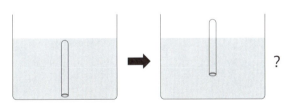

図2　水銀に沈めた試験管をゆっくり引き上げると……？

しかし実際は，次の図 3 の B のように，水銀で満たされたままになります。さらに引き上げていくと，図 3 の C のように，水銀柱の高さが 760 mm より高くなったときに空間ができるようになります。この空間は当然，気体が入っていないので真空です。

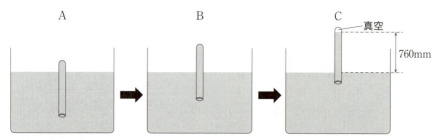

図 3　水銀に沈めた試験管をゆっくり引き上げたときの水銀柱の変化

では，なぜ試験管を引き上げていくと水銀が“ついてくる”のでしょうか？それは，大気が水銀を押しているからです。空気にも重さがあり，だいたい 1 cm^2 あたり 1 kg の物体を置いたときと同じ力がかかっています。

これほどの圧力がかかっているにもかかわらず水銀が 760 mm 以上にならないのは，水銀の密度が大きい（約 13.6 g/cm^3）からです。

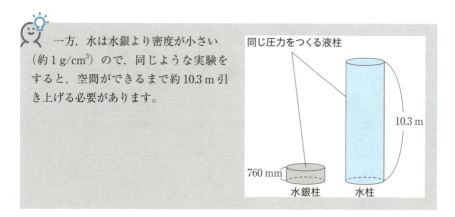

一方，水は水銀より密度が小さい（約 1 g/cm^3）ので，同じような実験をすると，空間ができるまで約 10.3 m 引き上げる必要があります。

なお，水銀柱 760 mm による圧力が大気圧 1013 hPa に相当するので，
1013 hPa＝760 mmHg と定義します。

これを応用して，水上置換で集めた気体の圧力から分子量を測定することも
できます。

類題にチャレンジ 13

解答 → 別冊 p.12

次の文章の あ ～ う に当てはまる数値を，有効数字 3 桁で答えよ。

大気圧下，温度 293 K の条件で，一端を閉じた長いガラス管に水を満たした後に，
水の入った容器に倒立させたとすると，管内の液面の高さ（容器の液面からの高さ）
は 10.3 m になる。ただし，温度 293 K の水の密度を 1.00 g/cm^3 とする。また，水の
飽和蒸気圧は無視できるものとする。上記のことを踏まえ，一端を閉じた長さ 1 m
のガラス管を用いて以下の実験を行った。

まず，大気圧下，温度 293 K の条件で，ガラス管に水銀を満たした後に，水銀の入っ
た容器に倒立させたところ，管内の液面の高さは 760 mm になった。このことから，
温度 293 K の水銀の密度は あ g/cm^3 であることがわかる。ただし，水銀の飽和
蒸気圧は無視できるものとする。

次に，倒立させたガラス管の下から，管内に少量のジエチルエーテルを注入した。
このとき，管内に存在するジエチルエーテルの一部が気体となり，管内の水銀の液
面の高さは 312 mm になった。このことから，温度 293 K におけるジエチルエーテ
ルの飽和蒸気圧は い Pa であることがわかる。ただし，管内に液体として存在す
るジエチルエーテルの質量は，無視できるものとする。また，大気圧は 1.01×10^5 Pa
とする。

さらに，温度を 303 K に上昇させたところ，管内の水銀の液面の高さは う mm
になった。ただし，このとき，管内のジエチルエーテルは，気体と液体の両方の状
態で存在する。また，温度による水銀の密度の変化は無視できるものとし，303 K の
ジエチルエーテルの飽和蒸気圧は 8.63×10^4 Pa とする。

（明治大）

1気圧は水銀の高さで760 mmに相当するようですが，なぜ断面積を考えなくていいのですか？

A 回答

　どんな断面積のガラス管を用いても，1気圧（＝1 atm＝1.013×10^5 Pa）＝760 mmHg になるのですが，これがなぜか考えてみましょう。

　質問38でお答えしたように，空気には重さがあり，それが水銀を押し上げます。押し上げられた水銀が一定以上多くなると，その重みで上がらなくなるのは感覚的にわかりますよね。

　感覚的にいえば，ガラス管の断面積が小さい方がより高くまで上がり，断面積が大きい方が低いところで止まりそうな気もします。しかし実際は，次の図1のように，どんな断面積でも高さは760 mmで変わりません。

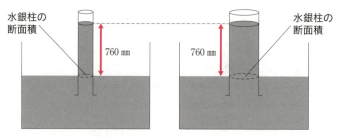

水銀柱の
断面積

760 mm

760 mm

水銀柱の
断面積

図1　大気圧で押し上げられた水銀柱の高さ

なぜこうなるのでしょうか？

　大気にも（空気が重力で地面に引きつけられているので）重さがあります。この圧力は単位面積あたりにかかる力の大きさで表され，1.013×10^5 Pa であることがわかっています。1 Pa＝1 N/m^2 ですが，1 N は $\dfrac{1}{9.8}$ kg の物体の重力と考えていいので，1.013×10^5 Pa は，単位面積あたり 1.0336×10^4 kg/m^2 ≒ 1.034×10^4 kg/m^2 の質量が水銀柱の断面積にのっているのと同じというわけです。

　一方，水銀も圧力をかけています。水銀の密度は 13600 kg/m³ で，高さ h〔m〕とすれば，単位面積あたり $13600h$〔kg/m²〕の質量がのっているのと同じということです。

　このように，単位面積あたりにかかる力（＝圧力）でつり合いを考えるため，断面積がいくらであっても高さは変わりません。断面積が大きくなっても，大気圧も水銀による圧力も一定なのです。

　　実際に計算してみると，

　　　$10336 = 13600h$　　よって，$h = 0.76$ m $= 760$ mm

　となります。

実在気体は分子間力や分子自身の体積の影響で $\dfrac{PV}{nRT} = 1$ とはならないのはわかりますが，物質によって，$Z\left(=\dfrac{PV}{nRT}\right)$ と圧力 P の関係を表したグラフが異なるのはなぜですか？

A 回答

理想気体はその定義から，分子間力や分子自身の体積を完全に無視しているため，$PV = nRT$ が成り立ちます。式変形すると，$\dfrac{PV}{nRT} = 1$ になるということです。一方，実在気体は分子間力が存在し，分子自身に体積があるため，$\dfrac{PV}{nRT} = 1$ とはなりません。では，$Z\left(=\dfrac{PV}{nRT}\right)$ と圧力 P との関係を表したグラフ（図1）を見てみましょう。

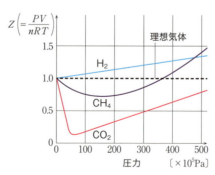

図1　$Z\left(=\dfrac{PV}{nRT}\right)$ と圧力 P との関係（0℃のとき）

まず，理想気体は圧力 P の値に関係なく，$Z = 1$ になっていることを確認してください。これを基準に，各実在気体のグラフが意味していることを考えます。

　ある圧力 P において，Z が 1 より小さい場合は，**分子間力の影響が分子自身の体積の影響より強くなっている**ことを意味します。一方，Z が 1 より大きい場合は，**分子自身の体積の影響が分子間力の影響より強くなっている**ことを意味します。

　$Z = \dfrac{PV}{nRT}$ について，n, R, T は定数，P も固定しているので，Z を決めるのは V のみとなります。実在気体において V を決めるのは分子間力（= V を小さくする）と，分子自身の体積（= V を大きくする）です。よって，Z が 1 より小さくなったということは，V が理想気体より小さくなったということ，すなわち分子自身の体積の影響より分子間力の影響が強くなったということを意味します。逆に，Z が 1 より大きくなったということは，V が理想気体より強くなったということ，すなわち分子間力の影響より分子自身の体積の影響が強くなったということを意味するわけです。

物質によってグラフが異なる理由

　物質によってグラフが異なるのは，物質ごとに分子間力や分子自身の体積が異なるからです。

　そして，**分子量が大きく，極性の大きい気体**ほど，理想気体とのズレが大きくなっていきます。分子量が大きくて極性が大きいほど分子間力は大きくなりますし，分子自身の体積も分子量が大きいものほど大きくなるので，当然といえば当然です。

グラフの形の説明

　p.92 図 1 に示した 3 つの気体，つまり H_2，CH_4，CO_2 における $Z\left(= \dfrac{PV}{nRT}\right)$ のグラフの形について説明していきます。

（ⅰ）H_2

　直線的で理想気体とのズレも少ないです。これは H_2 の分子量が小さく，極性をもたないからです。高圧になるにつれズレが大きくなるのは，分子自身の体積が無視できなくなり，理想気体よりも V が大きくなるためです。

(ii) CH_4

CH_4（分子量 16, 極性なし）は, H_2 と比べて分子量が大きいです。低圧のときは分子間力の影響で, Z は 1 より小さくなります。高圧になるにつれ, H_2 と同様に分子自身の体積が無視できなくなるため, 理想気体よりも V が大きくなり, Z は 1 から大きく外れていきます。

(iii) CO_2

CO_2（分子量 44, 極性なし）は, CH_4 と比べて分子量が大きいです。低圧のときは, 分子間力の影響で Z が 1 より小さくなりますが, 圧力を高くすると, やがて凝縮が起こって気体が減るため急激に Z は減少します。さらに圧力を高めていくと徐々に分子自身の体積の影響が大きくなり, Z は 1 より大きくなります。

質問 41

フラスコに小さい穴を開けたアルミニウム箔でふたをして，完全に蒸発させたあと液体に戻す実験がありますが，何が目的なのかわかりません。

揮発性液体の分子量の測定を行っています。

揮発性とは，常温で気体になりやすい性質のことです。揮発性液体の代表例には，アセトンやヘキサン，メタノール，エタノールがあります。

では，実際にどのようなことが行われているか，順を追って見てみましょう。

手順1：丸底フラスコに小さな穴の開いたアルミニウム箔でふたをしたものの乾燥状態の質量 w_0 〔g〕と体積 V 〔L〕を測っておきます。
このとき，w_0 は次の式で表されます。

アルミニウム箔
空気
フラスコ

$w_0 =$ （フラスコの質量）
　　　＋（アルミニウム箔の質量）＋（空気の質量）

手順2：このフラスコに液体試料を適当量入れたあと，恒温水槽（一定温度に保てる水槽）に入れて蒸発させます。なお，適当量というのは「フラスコ内を試料の蒸気だけで満たすのに十分な量」という意味です。

恒温水槽
試料

手順3：加熱すると，はじめにフラスコを満
たしていた空気がほぼ完全にアルミ
ニウム箔の穴から追い出されます
（このときの温度を T〔K〕としま
す）。さらに，液体試料が完全に気
体になるまで加熱を続けると，フラ

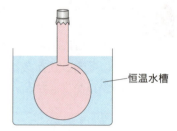

恒温水槽

スコ内の気圧が大気圧とつり合い，気体の噴出が止まります。このと
き，フラスコ内は次のようになっていることに注意しましょう。

・**フラスコ内の気体の圧力が大気圧 P_0 とつり合っている。**

・**フラスコ内に空気は含まれず，液体試料の蒸気のみである。**

手順4：加熱を止め，液体が凝縮するまで十分
に時間をおきます。このときのフラス
コ全体の質量を w_1〔g〕とします。
ここでポイントなのは，手順3の状態
で，フラスコ内で気体になっていた液
体試料はすべて凝縮し，フラスコ内に

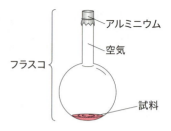

アルミニウム

空気

フラスコ

試料

は再び空気が入り込んでいることです。すなわち，w_1 は次の式で表
すことができます。

$$w_1＝（フラスコの質量）＋（アルミニウム箔の質量）$$
$$＋（空気の質量）＋（試料の質量）$$

さて，手順3の状態のときについて気体の状態方程式を立てると，液体試料
の分子量（モル質量を M とする）が求められます。圧力は大気圧と同じなの
で P_0，温度は加熱時の温度なので T，体積は V です。モル質量を M としたの
で，あとは手順3でフラスコ内を満たした試料の質量がわかれば物質量〔mol〕
が求まります。凝縮した試料の体積を無視できるとき，気体定数を R として，
気体の状態方程式を立てると，

$$P_0V = \frac{(w_1 - w_0)RT}{M} \qquad \therefore\ M = \frac{(w_1 - w_0)RT}{P_0V}$$

となります。なお，この手の実験で用いられる揮発性の液体は，空気の平均分
子量より分子量の大きい有機化合物であることが多いです。なぜなら，手順3
で下から上に空気を外に追い出すためには，空気より重い必要があるからです。

質問 **42**

エタノール1Lと水1Lを混合するとき，1L＋1L＝2Lと考えてはいけないのはなぜですか？

A 回答

エタノール1Lと水1Lを混ぜた溶液の体積をそのまま1L＋1L＝2Lとしてはいけません。実際は，1Lずつ混ぜても全体の体積は2Lより小さくなるからです。

エタノール分子は水分子よりも大きいため，**水分子がエタノールのすきまを埋めるように入っていきます**。その結果，単純な和よりも体積が小さくなります。

たとえば，同じ大きさの段ボールが2つあり，片方は大きな岩でいっぱいになっており，もう片方には細かい砂が入っているとしましょう。大きな岩の入った段ボールに細かい砂を入れると，岩と岩のすきまに細かい砂が入り込むため，合わせると段ボール2つ分未満の体積になりますね。これと同じことが起きるということです。

では，具体的な例題で見てみましょう。

エタノールと水ではなく，濃硝酸と水の問題です。

例題 市販の濃硝酸（密度1.38 g/mL，質量百分率61.0 %）を水で希釈し，密度1.20 g/mLの35.0 %硝酸100 mLをつくるためには，市販の濃硝酸と水（密度1.00 g/mL）はそれぞれ何 mLずつ必要か求めよ。

まず，密度1.20 g/mLの35.0 %硝酸100 mLに含まれる硝酸HNO_3の質量を求めます。

$$100 \text{ mL} \times 1.20 \text{ g/mL} \times \frac{35.0}{100} = 42.0 \text{ g}$$

42.0 gの硝酸が含まれるために市販の濃硝酸がx〔mL〕必要だとすると，

$$x \text{〔mL〕} \times 1.38 \text{ g/mL} \times \frac{61.0}{100} = 42.0 \text{ g}$$

が成り立てばよいわけです。これを解くと，$x = 49.89$ mL ≒ **49.9 mL** となります。

この結果から，必要な水を，100 mL − 49.9 mL = 50.1 mL…としたくなりますが，これをしてはいけないというのが今回のテーマです。混合後の溶液の密度を考慮する必要があります。

　加える水（密度 1.00 g/mL）を y〔mL〕とすると，混合後の溶液全体の質量について，

$$100 \text{ mL} \times 1.20 \text{ g/mL} = 49.89 \text{ mL} \times 1.38 \text{ g/mL} + y \text{〔mL〕} \times 1.00 \text{ g/mL}$$

が成り立ちます。これを解くと，

$$y = 120 \text{ mL} − 68.84 \text{ mL} = 51.16 \text{ mL} \fallingdotseq \mathbf{51.2 \text{ mL}}$$

となります。

　一見，濃硝酸 49.9 mL ＋ 水 51.2 mL = 35.0％硝酸 101.1 mL となりそうですが，実際は 35.0％硝酸 100 mL になるということですね。

質問 43

ヘンリーの法則がよくわかりません。

A 回答

　まず，ヘンリーの法則には2つの表現方法がありますが，どちらも同じことを言っているので，前者だけを覚えておけば結構です（理由は後述します）。

・一定量の溶媒に溶ける気体の物質量は，その気体の分圧に比例する。

・一定量の溶媒に溶ける気体の体積は，加えている圧力下で測ると圧力によらず一定である。

　前者は「2倍押したら2倍の物質量が溶ける」と言っているだけです。たとえば，圧力が 1.0×10^5 Pa から 2.0×10^5 Pa になれば，右の図1のように，溶ける物質量が2倍になるのは自然ですよね。

　では，なぜ前者と後者は同じなのでしょうか？

　感覚的には納得感があるはずです。圧力を2倍にすれば，溶ける物質も2倍にはなる

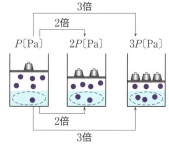

図1　ヘンリーの法則

ものの，2倍の圧力下では体積の体積が $\dfrac{1}{2}$ 倍に "圧縮" されているため，結局その圧力下では溶けている気体の体積は変わらないです。

　次のページで，実際に文字を使って計算してみましょう。

まず，圧力 P 〔Pa〕をかけて，物質量 n〔mol〕が溶けたとします。気体定数を R〔Pa·L/(mol·K)〕とするとき，溶けた気体は気体の状態方程式に従い，$V = \dfrac{nRT}{P}$〔L〕となります。ここから圧力を2倍の $2P$〔Pa〕にしたとします。1つ目の定義通り，溶ける物質量は2倍の $2n$〔mol〕となるので，水中に溶けている気体の体積は，

$$V = \frac{2nRT}{2P} = \frac{nRT}{P} \text{〔L〕}$$

となります。つまり，圧力が P〔Pa〕のときも $2P$〔Pa〕のときも，その圧力下では体積は同じ V〔L〕になるということです。

類題にチャレンジ 14　　　　　　　　　　　　　　　　　解答 → 別冊 p.13

　酸素は，水温18℃の水1.0 Lに100 kPaの圧力下で，標準状態に換算して0.032 L溶解する。同じ18℃の水0.70 Lに酸素は200 kPaで何 g溶解するか求めよ。ただし，酸素の原子量は16とする。

（オリジナル）

質問 44

蒸気圧降下や沸点上昇は，どうして起きるのですか？

 回答

　蒸気圧降下とは，**不揮発性物質をある溶媒に溶かすと，その溶液の蒸気圧が本来の純溶媒の蒸気圧と比べて低くなる現象**のことです。

　蒸気圧降下はなぜ起きるのでしょうか？

　下の図1のように，普通の溶媒に対して不揮発性物質（沸点が高く気体になりにくい物質）を加えたときの方が，**液面を占める溶媒の割合が減り，単位時間あたりに蒸発する溶媒分子の数が少なくなります**。

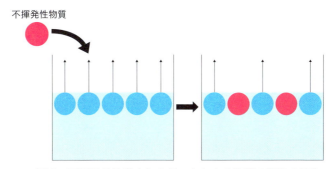

図1　不揮発性物質を加えることによる溶媒の蒸発の変化

　言い換えると，**不揮発性物質を加えることで，純粋な溶媒と比べて気体の圧力（蒸気圧）が低くなる**ということです。

　一方，沸点上昇とは，**不揮発性物質をある溶媒に溶かすと，その溶液の沸点が本来の純粋溶媒の沸点と比べて高くなる現象**のことです。

　蒸気圧降下が起こる理由がわかると，同時に沸点上昇についてもわかります。なぜなら，蒸気圧降下と沸点上昇は密接に関わっているからです。

次の図2のグラフで，黒の線を元の溶媒の蒸気圧曲線，青をある不揮発性物質を加えたときの蒸気圧曲線とします。不揮発性物質を加えると蒸気圧降下が起こり，全体的に黒の線よりグラフが下がります。このとき，沸点はどうなるでしょうか？

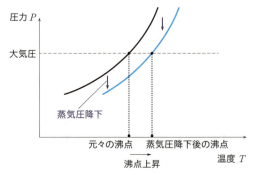

図2　不揮発性物質を加えることによる蒸気圧曲線の変化

　沸点とは，大気圧と飽和蒸気圧が同じになる温度のことです。よって，大気圧と同じ圧力になる温度をグラフから読み取ると，元の沸点より蒸気圧降下後の沸点の方が高くなっています。これが沸点上昇なのです。

類題にチャレンジ 15

解答 → 別冊 p.14

　不揮発性の物質を溶かした水溶液の沸点は，純粋な水の沸点よりも高い。このことについて，次の問1・問2に答えよ。ただし，水溶液はすべて希薄溶液とする。また，塩化ナトリウムおよび塩化カルシウムは水溶液中で完全に電離しているものとする。

問1　同じ質量モル濃度の塩化ナトリウム水溶液と塩化カルシウム水溶液では，どちらの沸点が高いか，溶質の化合物名で答えよ。

問2　塩化ナトリウムと塩化カルシウムの混合物5.0 gを水1.0 kgに溶解させたところ，水溶液の沸点上昇度は0.078 Kだった。この混合物に含まれる塩化ナトリウムの質量は何gか。有効数字2桁で単位をつけて答えよ。ただし，塩化ナトリウムの式量は58.5，塩化カルシウムの式量は111，水のモル沸点上昇は0.52 K・kg/molとする。

（茨城大）

冷却曲線の各所で何が起きているのか，詳しく教えてください。

 回答

次の図1のグラフは，ある純溶媒の冷却曲線とその溶媒にある溶質を混ぜたときの溶液の冷却曲線です。違いについて見てみましょう。

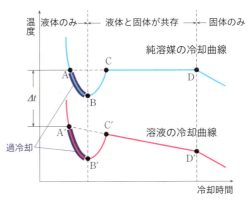

図1　純溶媒と溶液の冷却曲線

Δt

純溶媒の凝固点は A，溶液の凝固点は A′ です（理由は後述します）。よって，Δt が凝固点降下度を意味します。

A–B，A′–B′

A–B と A′–B′ の間で，どちらも大きく凝固点を下回っています。これは**過冷却**が起こっているからです。過冷却とは，本来固体になるべき温度で液体のまま存在している状態のことを指します。

たとえば水の場合，液体の状態では比較的自由に動き回っていた水分子が，固体の状態では正四面体に配列しなければなりません。冷却速度が速かったり振動を与えずに冷却したりすると，温度に対して固体化が進まず過冷却になります。一方，振動を加えたり微小な氷の結晶があったりすると，それを核として一気に結晶化します。

B-C，B′-C′

B，B′ を経過すると急速に凝固が始まります。液体が固体になる際に余分な
エネルギー（凝固熱）を放出するために温度は上昇します。

> 凝固熱とは，液体が固体になる際に放出しているエネルギーのことです。
> 液体を固体に冷やしたときに熱を放出していることに少し違和感があるかもし
> れません。ですが，上記の純溶媒の冷却曲線 C-D のように冷却し続けているの
> に温度が一定になっているのは，吸収した熱量と凝固熱がつり合っているから
> です。この C-D 間では，液体と固体が混合した状態になっています。

C-D，C′-D′

純溶媒は，C-D で一定（水平）です。なぜなら，吸収した熱量と発生した
凝固熱がつり合っているからです。

一方，溶液の C′-D′ は右下がりです。これは，溶液の凝固が進むにつれ，溶
媒はどんどん凝固していきますが，溶質は凝固するわけではないので，冷却時
間が経過するにつれ溶液の濃度が上がっていくからです。すると，凝固点降下
の関係で凝固点が下がっていきます。

D-，D′-

D，D′ に達するとすべて固体になった状態になります。よって，それ以降は
冷却しても凝固熱の発生がないため，急速に温度が低下していきます。

なぜ溶液の凝固点を A′ と考えることができるのか？

過冷却は理論上しないと考えると，C′-D′ の延長線上と凝固前の冷却曲線が
交わった点が，凝固が始まる理想上の凝固点と考えることができます。よって
溶液の凝固点は A′ と考えることができるのです。

類題にチャレンジ 16

解答 → 別冊 p.14

　液体を凝固点以下に冷却しても，凝固が起こらない場合がある。純溶媒の冷却曲線 A およびそれを溶媒とした希薄溶液の冷却曲線 B を次の図に示した。下の問 1～3 に答えよ。

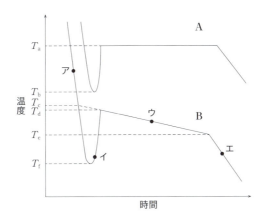

問 1　B 上の点ア～エの中で液体と固体が共存する点をすべて選び，記号で答えよ。

問 2　B で温度が T_d から T_e へ徐々に低下する理由を 60 字以内で述べよ。

問 3　この希薄溶液の凝固点降下度 Δt を図中の T_a～T_f から適切な記号を用いた式で表せ。

（筑波大）

凝固点降下によって酢酸の会合度 γ を求める問題が，何をしているのかわかりません。

 回答

酢酸を無極性溶媒に溶かすと，右に示すように，2個の分子が水素結合によって会合して二量体を形成し，1個の分子のように振舞います。

つまり，無極性溶媒では酢酸の見かけ上の質量モル濃度（溶媒1kg中に存在する溶質の物質量）が減少するということです。

凝固点降下度は全粒子の濃度に比例するので，まったく会合しない場合と比べ，凝固点降下度が小さくなってしまいます。

ここで注意すべきは，**すべての酢酸が会合するわけではない**という点です。会合する分子の割合を会合度といい，γ で表します。会合度 γ は $0 < \gamma < 1$ を満たす値です。

たとえば $\gamma = 0.2$ が意味していることは，2割の酢酸が会合し，8割の酢酸は会合しないということです。その場合，全粒子数はいくらかというと，はじめに加えた酢酸が a〔mol〕だとすると，

$$0.8a + 0.2a \times \frac{1}{2} = 0.9a$$

となります。$\frac{1}{2}$ にしているのは，二量体になって粒子数が半分になったからです。

これを一般化しましょう。

会合度 γ，濃度 C_m〔mol/kg〕の CH_3COOH の場合を考えます。会合度 γ ですから，会合する CH_3COOH は $C_m\gamma$〔mol/kg〕ですね。会合の反応式は，

$$2CH_3COOH \longrightarrow (CH_3COOH)_2$$

と表されますので，会合前後の濃度の変化は右の表のようになります。

mol/kg	CH_3COOH	$(CH_3COOH)_2$
会合前	C_m	0
会合後	$C_m(1-\gamma)$	$\dfrac{1}{2}C_m\gamma$

したがって，会合後の溶液の濃度は，

$$C_m(1-\gamma) + \frac{1}{2}C_m\gamma = C_m\left(1-\frac{1}{2}\gamma\right)\ [\text{mol/kg}]$$

となります。凝固点降下度は全粒子の濃度に比例するため，凝固点降下の式より，

$$\Delta T_f = K_f C_m\left(1-\frac{1}{2}\gamma\right)\quad（※K_f はモル凝固点降下）$$

と表すことができます。

類題にチャレンジ 17

解答 → 別冊 p.15

　酢酸をベンゼンに溶かすと，酢酸の一部は 2 分子間で水素結合を形成し，1 個の分子のように振る舞う。この現象を，会合によって二量体が形成されたといい，二量体を形成した酢酸の割合を会合度とよぶ。

　100 g のベンゼンに酢酸を 1.2 g 溶かした溶液の凝固点は 4.93℃ であった。ベンゼン中の酢酸の会合度を有効数字 2 桁で求めよ。ただし，ベンゼンの凝固点は 5.53℃，モル凝固点降下は 5.12 K·kg/mol，酢酸の分子量は 60 とする。

（北海道大）

質問 47

凝固点降下度や沸点上昇度，蒸気圧降下度の計算で，モル濃度ではなく質量モル濃度を使うのはなぜですか？

 回答

まずはモル濃度，質量モル濃度の定義を確認しておきましょう。

$$\text{モル濃度}〔\text{mol/L}〕＝\frac{\text{溶質}〔\text{mol}〕}{\text{溶液}〔\text{L}〕}$$

$$\text{質量モル濃度}〔\text{mol/kg}〕＝\frac{\text{溶質}〔\text{mol}〕}{\text{溶媒}〔\text{kg}〕}$$

違いは分母にありますね。モル濃度では溶液の体積〔L〕で，質量モル濃度では溶媒の質量〔kg〕になっています。凝固点降下度や沸点上昇度，蒸気圧降下度の計算では，**分母が溶媒で，かつ質量であると便利**なのですが，その理由を以下で説明します。

分母が溶媒である理由

凝固点降下，沸点上昇，蒸気圧降下は，溶媒に対して溶質がどれくらい存在しているかによって決まります。

このとき，分母が溶液になっているモル濃度〔mol/L〕を使うよりも，分母が溶媒になっている質量モル濃度〔mol/kg〕を用いた方が溶媒の性質を定量的に比較しやすいのです。

というのも，一定量の溶媒に溶かしている溶質の**物質量が2倍になったら，質量モル濃度も2倍になる**というところが質量モル濃度の特徴です。

一方，モル濃度〔mol/L〕の場合，溶質の物質量が2倍になると，分母が（溶媒＋溶質）の体積なので，モル濃度が2倍になるわけではありません（体積が微増するため）。

分母が質量である理由

　凝固点降下や沸点上昇を考えるとき，温度変化に伴って体積変化も起こります。一般に温度が高くなると体積は増えます。このとき，モル濃度のように体積を基準にしてしまうと温度が変わることで体積も変化してしまうため，比較が困難になってしまいます。基準を質量にすると，質量は温度変化に無関係なので都合がいいのです。

類題にチャレンジ 18

解答 → 別冊 p.15

　凝固点が −3.70℃ となる塩化カルシウム水溶液の質量モル濃度はいくらか。有効数字3桁で答えよ。ただし，水のモル凝固点降下は 1.85 K·kg/mol とし，塩化カルシウムは完全に電離するものとする。なお，この溶液は希薄溶液とみなす。

（信州大）

高分子化合物の分子量を求めるとき，凝固点降下法ではなく，
浸透圧法が用いられることが多いのはなぜですか？

A 回答

　高分子化合物とは**分子量が1万を超える物質**のことで，タンパク質，セルロースなどの糖類，天然ゴムなどが存在します。

　高分子化合物の分子量を求めるときに凝固点降下法ではなく浸透圧法を用いる理由は，この**分子量の大きさが関係**しています。

凝固点降下法で分子量を求める場合

　まず，凝固点降下度 Δt がどのように決まっているか確認しましょう。

$\Delta t = K_f \times C$　（K_f：溶媒固有の定数，C：質量モル濃度）

　右辺の K_f は定数であるため，Δt は質量モル濃度によって決まります。質量モル濃度とは，**溶媒 1 kg に溶質が何 mol 含まれているかを表すもの**でした。

　たとえば，溶媒 1 kg に 1 g 溶ける 2 種類の物質があったとしましょう。一方の平均分子量が 1.0×10^4，もう一方が 10 だった場合，それぞれの質量モル濃度は 1.0×10^{-4} mol/kg，1.0×10^{-1} mol/kg で，前者の方が小さくなります。

　このように，質量モル濃度 C の値が小さくなり，その結果 Δt の値がとても小さくなるため，正確な分子量を測ることが困難になってしまうのです。

浸透圧法を用いる場合

　高分子化合物の分子量を求める際に浸透圧法が適している大きな理由は，極めて低い濃度であったとしても，浸透圧によってできる液柱の高さがかなり良い精度で測れる点にあります。また，高分子化合物の大きさと溶媒の大きさには大きな差があるため，溶媒を通し，高分子化合物の溶質を通さないような半透膜が多く存在する点も挙げられます。

　これらの理由により，高分子化合物の分子量を測定する際には浸透圧法が使われるのです。

質問 49

湯気はなぜ，気体ではなく液体なのですか？

 回答

　湯気は液体で，目に見えます。一方，水蒸気は気体で，目に見えません。

　実際，沸騰したやかん（ケトルでもよい）を観察すると，やかんの口付近のより高温のところでは目に見えない気体（＝水蒸気）であるものが，周りの空気によって冷やされると目に見える湯気（液体）になります（図1）。

図1　やかんから出る水蒸気と湯気の状態

　ところで，湯気は液体の水ということならば透明であってもよいはずなのに，なぜ白く見えるのでしょうか？それは，**10^{-7} cm～10^{-5} cm ほどの水粒子が気体中に分散した状態**，つまり**コロイド**になっているからです。コロイドに光が当たると，光は散乱して白く見えます（図2）。この現象を**チンダル現象**といいます。

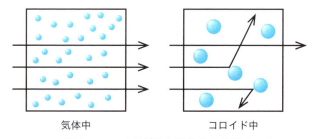

気体中　　　　　　　　コロイド中

図2　コロイドが光を散乱する仕組み

07　化学反応とエネルギー

質問
50
　熱化学方程式を立てるときに符号がわからなくなります。

 回答

　熱化学方程式とは，**化学反応式の中に反応熱を書き加え，等号で結んだ式の**ことをいいます。**反応熱は右辺に記載するのが決まり**で，発熱反応のときは反応熱の符号は＋，吸熱反応のときは−になります。

　「発熱反応では右辺の反応熱の符号は＋になる」については，感覚的に納得できるはずです。発熱反応とは次の式で表されるように，反応物から生成物と熱を生み出す反応だからです。

　　反応物＝生成物＋熱

　なお，熱を放出したということは，反応物より生成物の方がエネルギー的に安定しているということです。よって，エネルギー図を描くと，右の図1のように，反応物の方が高く，生成物の方が低い関係にあります。

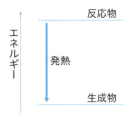

図1　発熱反応の
　　　エネルギー図

　ここまでは前提知識の確認です。では，反応熱によく出てくる燃焼熱，生成熱，中和熱，溶解熱の符号がそれぞれどのようになるか見てみましょう。

燃焼熱

　1 mol の物質が完全燃焼したときに発生する熱量のことです。完全燃焼では，CO_2 や H_2O といった非常に安定した物質が生成します。よって，燃焼熱は必ず発熱反応となります。

　　例：CH_4（気）＋$2O_2$（気）＝CO_2（気）＋$2H_2O$（液）＋891 kJ
　　　（メタンの燃焼熱）

生成熱

単体から 1 mol の物質を生成するときに発生または吸収する熱量のことです。燃焼熱や中和熱と違い，生成物の方が反応物より必ずしも安定しているとは限りません。そのため，発熱反応または吸熱反応となります。

例：C（黒鉛）$+ O_2$（気）$= CO_2$（気）$+ 394$ kJ　　　（二酸化炭素の生成熱）

例：$2C$（黒鉛）$+ 2H_2$（気）$= C_2H_4$（気）$- 52.5$ kJ　（エチレンの生成熱）

中和熱

酸と塩基が中和して水 1 mol を生じるときに発生する熱量のことです。中和によって，H_2O という非常に安定した物質が生成します。よって，中和熱は必ず発熱反応となります。

例：$HClaq + NaOHaq = NaClaq + H_2O$（液）$+ 56.5$ kJ
　　（塩酸と水酸化ナトリウム水溶液の中和熱）

溶解熱

1 mol の物質を多量の溶媒に溶かしたときに発生または吸収する熱量のことです。発熱反応または吸熱反応となります。

例：$NaOH$（固）$+ aq = NaOHaq + 44.5$ kJ
　　（水酸化ナトリウムの水への溶解熱）

例：$CO(NH_2)_2$（固）$+ aq = CO(NH_2)_2aq - 15.4$ kJ
　　（尿素の水への溶解熱）

状態変化に伴う反応熱

もうひとつ，反応熱でよく出てくるものに「状態変化に伴う反応熱」があります。

前提として，保有するエネルギーは気体＞液体＞固体の関係にあります。温度が上がると熱エネルギーを周りから吸収して分子の運動が活発になって固体→液体→気体と変化することからもわかると思います。つまり，固体→液体→気体と変化する場合は吸熱反応です。逆に，気体→液体→固体と変化する場合は，もっていた熱エネルギーを放出して熱運動を少なくしていくので，発熱反応になります（p.114 図2）。

例：H_2O（固）＝H_2O（液）－6.0 kJ　（氷の融解熱は 6.0 kJ/mol である）

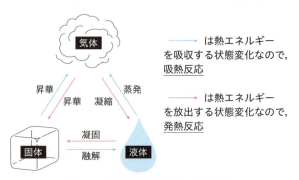

図2　状態変化と発熱・吸熱反応

「吸熱反応では，右辺の反応熱の符号がマイナス」という点がしっくりこない人も多いでしょう。マイナスのエネルギーを人間は想像できないので，当然といえば当然です。

そこで，反応熱の符号がマイナスの場合，左辺に移項してプラスにして確認してみてください。先ほどの「氷の融解熱は 6.0 kJ/mol である」を例に挙げると次のようになります。

H_2O（固）＋6.0 kJ＝H_2O（液）

これは「氷 1 mol が 6.0 kJ の熱を吸収すると液体の水 1 mol になる」ということを意味しており，直感的にも正しいことがわかります。

類題にチャレンジ **19**

解答 → 別冊 p.16

CH_4 と水蒸気との反応により CO と H_2 が生成する反応の熱化学方程式は次のように表される。ここで，Q〔kJ〕は反応熱を示す。

CH_4（気）＋H_2O（気）＝CO（気）＋$3H_2$（気）＋Q〔kJ〕

CH_4（気），H_2O（気）の生成熱を，それぞれ 75 kJ/mol，242 kJ/mol とする。また，炭素 C（黒鉛），CO（気）の燃焼により二酸化炭素 CO_2（気）が生成する反応の燃焼熱を，それぞれ 394 kJ/mol，283 kJ/mol とする。Q の値を有効数字 2 桁で求めよ。

（名古屋大）

質問
51

中和熱は，なぜ強酸や強塩基の種類によらず一定なのですか？

A 回答

　酸と塩基の中和反応に伴い，水 1 mol が生じるときの反応熱を中和熱といいます。特に，**希薄な強酸と強塩基の中和熱は，酸・塩基の種類に関係なくほぼ一定の値（約 56.5 kJ/mol）を示します。**たとえば，塩酸と水酸化ナトリウム水溶液の反応を熱化学方程式で表すと，

$$HClaq + NaOHaq = NaClaq + H_2O（液）+ 56.5 \text{ kJ}$$

となります。このようになるのは，強酸・強塩基は種類に関係なく完全に電離しており，中和反応が他のイオンの存在に無関係で進むからです。

　しかし，濃厚な溶液の場合は溶解熱（溶媒中に溶ける際に発生または吸収する熱），弱酸・弱塩基が関係する場合は電離熱（電離する際に吸収する熱）が関わってくるため，中和熱について上記のことは成り立ちません。たとえば，アンモニア水と塩酸の反応は下記のようになります。

$$\underset{\text{弱塩基}}{NH_3aq} + \underset{\text{強酸}}{HClaq} = NH_4Claq + 50.2 \text{ kJ}$$

　このように，弱酸・弱塩基が関係する中和熱は強酸と強塩基の中和熱の場合よりもやや小さな値となるのですが，これは中和の前に弱酸・弱塩基が電離するために必要な熱をまわりから吸収するからです。

反応熱のうち，溶解熱や格子エネルギーを考えなければならない理由がわかりません。

 回 答

溶解熱

　溶解熱とは 1 mol の物質を多量の溶媒に溶かしたときに発生または吸収する熱量のことです（→質問 50）。

　物質が溶媒に溶解する際，別の物質に変化するわけでもなく，化学反応でもないので考えなくてもよいのでは，と思う人もいるかもしれません。

　しかし，物質の溶解をミクロに見てみると，分子間やイオン間で結合が切断されていたり，溶媒分子と新たな結合が生成されたりするなどの要因で，熱の出入りが生じているのです。

格子エネルギー

　格子エネルギーとは，1 mol のイオン結晶を気体状態にするのに必要なエネルギーのことです。バラバラにするにはエネルギーが必要なので，格子エネルギーは必ず吸熱反応となります。

　たとえば，塩化ナトリウムの格子エネルギーとは，$NaCl$(固) を Na^+ と Cl^- にするのに必要なエネルギーのことです。しかし，これを実験などによって一気に求めることはできません。$NaCl$ が強いクーロン力で引きつけあっているので，$NaCl$(固) を加熱して気体にしただけでは，Na^+ と Cl^- にならず $NaCl$(気) として存在してしまうからです。

　そのため，p. 117 の図 1 のように，関連する他の反応熱を測定したのち，ヘスの法則を利用して格子エネルギーを求めます。

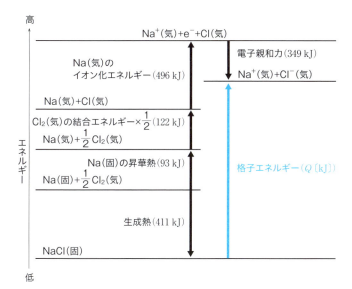

図1 塩化ナトリウムの格子エネルギーの求め方

塩化ナトリウム水溶液の電気分解で使われる陽イオン交換膜は，何のために使われるのですか？

A 回答

　塩化ナトリウム水溶液を電気分解して水酸化ナトリウム水溶液をつくる場合，陽イオン交換膜を使ったイオン交換膜法で生成します。

　陽イオン交換膜とは，**陽イオンのみを通過させ，陰イオンは通過させない性質をもつ膜**です。イオンを交換するというより，特定のイオンを通過させる膜です。実際のイオン交換膜法を順に見てみましょう（図1）。

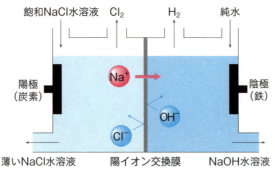

図1　塩化ナトリウム水溶液の電気分解

　陽極側に NaCl 水溶液，陰極側に水を入れると，陽極と陰極で次の反応が起こります。

陽極：$2Cl^- \longrightarrow Cl_2 + 2e^-$

陰極：$2H_2O + 2e^- \longrightarrow H_2 + 2OH^-$

　陽極から塩素が，陰極から水素が発生します。すると，陽極では Cl^- が消費されてしまうため，過剰になった Na^+ が陽イオン交換膜を通過して陰極側に移動します。こうなると，陰極側では Na^+ と OH^- がどんどん増えていきますね。したがって NaOH が生成していくのです。

全体としての化学反応式は次の通りになります。

$$2NaCl + 2H_2O \longrightarrow H_2\uparrow + Cl_2\uparrow + 2NaOH$$

では，なぜ陽イオン交換膜を使わなければいけないのでしょうか？

陽イオン交換膜の仕切りがなかった場合，どうなるか考えてみましょう。ま
ず，陽イオン交換膜があるときと同じように，

陽極：$2Cl^- \longrightarrow Cl_2 + 2e^-$
陰極：$2H_2O + 2e^- \longrightarrow H_2 + 2OH^-$

の反応が起きます。そして，Na^+とOH^-が過剰にあるため$NaOH$水溶液が
できます。一方，Cl_2が水に溶けると$Cl_2 + H_2O \rightleftharpoons HCl + HClO$と平衡状
態になります。HClと$HClO$はともに酸なので，塩基である$NaOH$と同じ溶
液中にあることで中和反応が起きてしまいます。

$$HCl + NaOH \longrightarrow NaCl + H_2O$$
$$HClO + NaOH \longrightarrow NaClO + H_2O$$

こうして，せっかく生成した$NaOH$が反応してしまうため，$NaOH$水溶液
がうまくできません。まとめると，陽イオン交換膜には次のような役割があり
ます。

・**陽極側にあるNa^+を陰極側に通過させる**（OH^-と反応させて目的物質
$NaOH$をつくるため）
・**Cl^-を通過させずに陽極側に保つ**（e^-を放出させて陰極側に送るため）
・**陰極側のOH^-を陰極側に保つ**（Na^+と反応させて目的物質$NaOH$をつ
くるため）
この結果，不純物の少ない$NaOH$水溶液をつくることができるのです。

　水酸化ナトリウムの製法は，工業的には，以前は陰極に水銀を用いた水銀法など
が主流であった。現在は主として陽イオン交換膜を用いたイオン交換膜法が用いら
れ，環境負荷および消費電力の低減が進められている。イオン交換膜法における電
気分解槽（図1）について考える。下の問1・問2に答えよ。

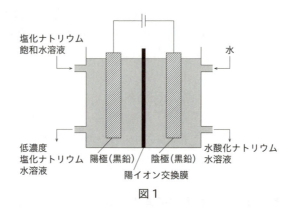

図1

　陽極側では塩化ナトリウム水溶液の電気分解により（A）が過剰となる。一方で陰
極側では，水の電気分解によって（B）が生成される。（C）は，陽イオン交換膜中の
イオン化したスルホ基と（D）を起こすため，陽イオン交換膜を通過しにくく，（E）
が陽イオン交換膜を通過することで電気的中性が保たれる。よって陰極側で（F）と
（G）の濃度が増加し，この水溶液を濃縮することで水酸化ナトリウムを得ることが
できる。

問1　文章中の空欄（A）～（G）にふさわしい語を次のア～カから選べ。ただし，同
　　　じ語を何度選んでもいい。
　　　ア　水素結合　　　　　イ　静電的反発　　ウ　立体障害
　　　エ　水酸化物イオン　　オ　水素イオン　　カ　ナトリウムイオン
問2　陽極と陰極の間に陽イオン交換膜がない場合，水酸化ナトリウムの収量が低下
　　　してしまう。この理由を説明せよ。

（お茶の水女子大）

08 化学平衡

化学

平衡状態にある反応について，反応とは関係ないアルゴンガスを加えたときに平衡がどうなるかがわかりません。

A 回答

平衡状態の移動を考えるときは，ルシャトリエの原理を考えればいいですね。ルシャトリエの原理とは，**平衡の条件（濃度，温度，圧力）を変化させると，その変化による影響を緩和する方向に平衡が移動する**，という原理のことです。

それでは，濃度，温度，圧力についてそれぞれ見てみましょう。

（ⅰ）濃度

ある成分の濃度を増加させると，その濃度を減少させる方向に平衡が移動します。逆に，ある成分の濃度を減少させると，その濃度を増加させる方向に平衡が移動します。

（ⅱ）温度

温度を下げると，<u>発熱反応の方向（温度を上げる方向）</u>に平衡が移動します。逆に温度を上げると，<u>吸熱反応の方向（温度を下げる方向）</u>に平衡が移動します。

四酸化二窒素 N_2O_4 と二酸化窒素 NO_2 を例に考えてみましょう。四酸化二窒素と二酸化窒素の間には次のような平衡関係が成り立っています。

N_2O_4（無色）$\rightleftarrows$ $2NO_2$（赤褐色）　…①

また，四酸化二窒素から二酸化窒素が生成する反応は吸熱反応であり，次の熱化学方程式で表されます。

N_2O_4（気）$= 2NO_2$（気）$- 57.2\ kJ$

①の平衡状態にあるときにお湯で温めると，二酸化窒素が増加して，褐色が濃くなることが観察できます。これは，温度を下げる方向，つまり①の平衡が右に移動するからです。

(iii)圧力

　圧力を上げると，圧力を下げるために気体の分子数が減少する方向に平衡が移動します。逆に，圧力を下げると，圧力を上げるために気体の分子数が増加する方向に平衡が移動します。

　ただし，$H_2+I_2 \rightleftharpoons 2HI$のように反応の前後で気体の分子数が変化しないような場合は，圧力を変化させても平衡は移動しません。

平衡に無関係なアルゴンガスを加えた場合

　それでは，平衡に関係ないアルゴンガスを加えると，平衡はどうなるのでしょうか？ $N_2+3H_2 \rightleftharpoons 2NH_3$を例に，全圧一定の場合と，体積一定の場合のそれぞれで考えてみましょう。

（i）温度・全圧一定（体積は変わる）でアルゴンガスを加えた場合

　体積が変わるので，ピストンの中で実験を行っていると思ってください。

　さて，**混合気体の問題では，平衡に関係ない気体は存在しないものとして考えるのが鉄則**です。今回も，$N_2+3H_2 \rightleftharpoons 2NH_3$の気体群とアルゴンガスは同じピストン内に存在しているのですが，別々に分けて考えるのです（図1）。

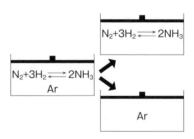

図1　アルゴンガスは分けて考える

　$N_2+3H_2 \rightleftharpoons 2NH_3$にだけ注目すると，彼らにとってはアルゴンガスが注入されたことによって単純に体積が増えただけです（図2）。

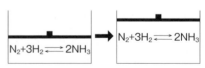

図2　アルゴンガスが注入され，体積が増えた

　よって，$N_2+3H_2 \rightleftharpoons 2NH_3$の気体群の分圧は減ったということになります。ということは，$N_2+3H_2 \rightleftharpoons 2NH_3$は気体の分子数を増やし，圧力が上がる方向に平衡が移動します。つまり平衡は左に移動するのです。左辺は4分子，右辺は2分子ですからね。

（ⅱ）温度・体積一定（圧力は変わる）でアルゴンガスを加えた場合

　体積が一定なので，透明な容器の中で行っていると思ってください。

　これも混合気体の問題なので，平衡に関係ない他の気体は存在しないものとして（注目している気体だけを）考えます（図3）。

　反応前後で体積は一定のため，注目している $N_2 + 3H_2 \rightleftharpoons 2NH_3$ の体積に変化はありません。温度も一定です。そのため，平衡は移動しないのです。

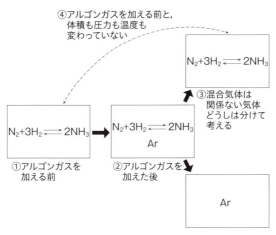

図3　温度・体積一定（圧力は変わる）でアルゴンガス
　　　を加えた場合の，平衡移動の考え方

　直感では「密封容器にアルゴンガスを加えたのだから圧力は高まるし，それが $N_2 + 3H_2 \rightleftharpoons 2NH_3$ に影響しそう」と思いますよね。ですが，気体どうしの間にはお互いにまったく影響しないほど空間はスカスカです。よって，関係ない気体がいくら加わろうが関係ありません。

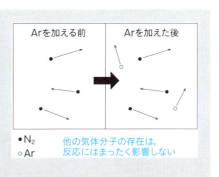

　二酸化炭素 CO_2 と一酸化炭素 CO を黒鉛 C とともに，内容積を変えられるピストン付き密閉容器の中に入れた。高温下で十分な時間放置すると，次の反応が平衡に達した。

$$C（黒鉛）+ CO_2（気） \rightleftharpoons 2CO（気）$$

　その後，容器内の全圧を一定に保ちながら温度を上げ，十分な時間放置すると，一酸化炭素の分圧が増加した。

　この反応が平衡状態にあるときに，次の操作ア〜オを行った結果，平衡が移動しないものをすべて選べ。なお，固体の体積は無視できるものとする。

　ア　ピストンを操作して，封入した気体の全圧を高くする。

　イ　体積を一定に保ちながら，黒鉛を加える。

　ウ　体積を一定に保ちながら，アルゴンガスを加える。

　エ　全圧を一定に保ちながら，アルゴンガスを加える。

　オ　体積を一定に保ちながら，一酸化炭素のみを吸着させて取り除く。

（東北大）

質問 **55**

電離度を無視できるのはどういうときですか？

 回答

電離度 α は $0 \leqq \alpha \leqq 1$ の値をとりますが，弱酸や弱塩基になると電離度はとても小さくなり，電離度を無視できるときがあります。

電離度は通常，**0.05 より小さいときは無視することができると考えてください**。しかし，問題の文章には電離度が 0.05 より大きいかどうかや，電離度を無視していいかどうかが書かれていない問題も多くあります。このときにどういう方法で問題を解くのか見ていきましょう。

例として，酢酸 CH_3COOH の電離を考えます。酢酸の電離前の濃度を C 〔mol/L〕，電離度を α とすると，電離定数 K_a は以下のようになります。

$$CH_3COOH \rightleftharpoons CH_3COOH + H^+$$

電離前	C	0	0
変化量	$-C\alpha$	$+C\alpha$	$+C\alpha$
電離平衡時	$C(1-\alpha)$	$C\alpha$	$C\alpha$

$$K_a = \frac{[CH_3COO^-][H^+]}{[CH_3COOH]} = \frac{C\alpha \times C\alpha}{C(1-\alpha)}$$

まず，電離度が十分小さいと仮定して計算を進めます。すると，仮 α は 1 より十分小さいとみなせる（$1 \gg \alpha$）ので $1-\alpha \fallingdotseq 1$ と近似できます。この近似をしたことにより，

$$K_a = C\alpha^2 \qquad \alpha = \sqrt{\frac{K_a}{C}}$$

と，仮 α の値が求まります。

この結果で仮 α が 0.05 以下であった場合，先ほどの仮定は間違っていなかったこととなり，そのまま解として使ってよくなります。

しかし，この結果で仮 α が 0.05 を超えていた場合，先ほどの近似は不適切であったとみなし，α を含む二次方程式を用いて計算し直す必要があります。

$K_a = \dfrac{Ca \times Ca}{C(1-\alpha)}$ を α について解きます。

この式を α について整理して,

$$C^2\alpha^2 + CK_a\alpha - CK_a = 0$$

$C \neq 0$ より,両辺を C で割って,

$$Ca^2 + K_a\alpha - K_a = 0 \quad 解の公式より, \quad \alpha = \frac{-K_a \pm \sqrt{K_a{}^2 + 4CK_a}}{2C}$$

$\alpha > 0$ より, $\alpha = \dfrac{-K_a + \sqrt{K_a{}^2 + 4CK_a}}{2C}$

よって, $[\mathrm{H^+}] = Ca = \dfrac{-K_a + \sqrt{K_a{}^2 + 4CK_a}}{2}$ 〔mol/L〕

このように,まず α を十分小さいとみて $1 - \alpha \fallingdotseq 1$ と近似して電離度を計算し, α が 0.05 より大きい場合のみ,二次方程式を利用して解き直すことが必要です。

類題にチャレンジ 22   解答 → 別冊 p.17

中和滴定に関して,ある 1 価の弱酸 A の水溶液 B をホールピペットで 5.0 mL 量りとり,0.10 mol/L の水酸化ナトリウム水溶液で滴定したところ,6.0 mL で中和点に達した。次の問 1・問 2 に答えよ。ただし,弱酸 A の電離定数は 3.0×10^{-5} mol/L とし,$\log_{10} 2 = 0.30$,$\log_{10} 3 = 0.48$ とする。

問 1　水溶液 B 中の弱酸 A の電離度を有効数字 2 桁で求めよ。
問 2　水溶液 B の pH を小数第一位まで求めよ。

(筑波大)

質問 56

平衡において，$C(1-\alpha) \fallingdotseq C$ と近似するのに，$C\alpha \fallingdotseq 0$ と近似しないのはなぜですか？

 回答

$C(1-\alpha) \fallingdotseq C$ と近似するのであれば，すなわち $\alpha \fallingdotseq 0$ と近似していることになるので，$C\alpha \fallingdotseq 0$ としていいのではないかと考えたくなりますよね。都合よく近似しているように見えてしまいます。

なぜ $C(1-\alpha) \fallingdotseq C$ なのに $C\alpha \fallingdotseq 0$ としてはいけないかというと，足したり引いたりする分には無視できる値が，かけたり割ったりすると無視できなくなるからです。

たとえば，α は 0.00001〜0.001 の間にある数だとして考えてみましょう。

α を足したり引いたりする

たとえば，$1-\alpha$ について考えてみます。すると，この値は 0.99999〜0.999 のいずれかの値になりますが，いずれにせよほぼ 1 ですね。イメージとしては，1 兆円入った袋から，1 円取ろうが 100 円取ろうが，結局はもととほぼ変わらないようなものです。

α をかけたり割ったりする

次は，$1 \times \alpha$ について考えましょう。この値は 0.00001〜0.001 のいずれかの値になりますが，これって全然桁が違うわけです。イメージとしては，1 兆円の 1%（100 億円）あげると言われるのと 0.01%（1 億円）あげると言われるのでは，まったく違いますよね？

よって，十分に小さい値だとわかっているものを，足したり引いたりするときは近似してよく，かけたり割ったりするときは（その桁によって大きく変わるので）近似してはいけないのです。

CH$_3$COONa 水溶液の pH を求める方法がよくわかりません。

A 回答

まず，CH$_3$COONa は水に溶かすと完全に電離します。

CH$_3$COONa $\underset{\longleftarrow}{\longrightarrow}$ CH$_3$COO$^-$ +Na$^+$　ではなく，

CH$_3$COONa $\longrightarrow$ CH$_3$COO$^-$ +Na$^+$　の一方通行です。

では，このとき生じた CH$_3$COO$^-$ はそのままかというと，次のように水と反応して平衡状態になります。

CH$_3$COO$^-$ +H$_2$O $\rightleftharpoons$ CH$_3$COOH+OH$^-$

平衡状態の式を見たら，平衡定数もセットで見なければなりません。なぜなら，式を眺めているだけでは平衡が右に傾いているのか，左に傾いているのかがわからないからです。この式の平衡定数 K は，

$$K=\frac{[CH_3COOH][OH^-]}{[CH_3COO^-]}$$

と表せますが，結論から言うと $K=3.6\times10^{-10}$ mol/L となります。

　上記の平衡定数 K を求めさせる問題はよく出題されます。

次のように，他の平衡定数から導出します。

CH$_3$COOH $\rightleftharpoons$ CH$_3$COO$^-$ +H$^+$ の平衡定数

$$K_a=\frac{[CH_3COO^-][H^+]}{[CH_3COOH]}=2.8\times10^{-5}\ \text{mol/L}\ \text{と,}$$

H$_2$O $\rightleftharpoons$ H$^+$ +OH$^-$ の平衡定数

$K_w=[H^+][OH^-]=1.0\times10^{-14}$ (mol/L)^2 から，次のように式変形します。

$$K=\frac{[CH_3COOH][OH^-]}{[CH_3COO^-]}=[H^+][OH^-]\div\frac{[CH_3COO^-][H^+]}{[CH_3COOH]}=\frac{K_w}{K_a}$$

よって，$K=1.0\times10^{-14}$ (mol/L)^2 $\div2.8\times10^{-5}$ mol/L $\fallingdotseq3.6\times10^{-10}$ mol/L なのです。

　さて，**この平衡定数 K の値はとても小さいので，平衡がほぼ左に傾いている**ということを意味します。つまり，CH_3COO^- は水と出会ってもほとんど反応しないということです。

　これらを前提に，実際に pH を求めてみましょう。ここでは，0.1 mol/L の CH_3COONa 水溶液の pH を求めてみます。ただし，$\log_{10}2 = 0.30$, $\log_{10}3 = 0.48$ とします。

　まずは，平衡の式を書き，反応前⇒変化量⇒平衡時でどうなっているか，量的関係をまとめた表，すなわちバランスシートで順を追って整理していくのが鉄則です。

　CH_3COONa は水に溶かすと完全に電離して CH_3COO^- になり，H_2O と反応するのでした。

$$CH_3COO^- + H_2O \rightleftharpoons CH_3COOH + OH^-$$

これが反応前，変化量，平衡時でどうなるかを書いていきます。
・反応前：CH_3COO^- が 0.1 mol/L でしたが，
・変化量：その一部 α （$0 < \alpha < 1$）が反応して，
・平衡時：CH_3COOH と OH^- が生成します。
これは次のようにバランスシート上に書くことができます。

$$CH_3COO^- + H_2O \rightleftharpoons CH_3COOH + OH^-$$

	CH_3COO^-	H_2O	CH_3COOH	OH^-	
反応前	0.1	—	0	0	〔mol/L〕
変化量	-0.1α	—	$+0.1\alpha$	$+0.1\alpha$	〔mol/L〕
平衡時	$0.1(1-\alpha)$		0.1α	0.1α	〔mol/L〕
	$\fallingdotseq 0.1$				

平衡定数 K は，

$$K = \frac{[CH_3COOH][OH^-]}{[CH_3COO^-]} = 3.6 \times 10^{-10}$$

を満たしていますから，ここに平衡時の各数値を代入します。その際，CH_3COO^- はほとんど反応しないので，$0.1(1-\alpha) \fallingdotseq 0.1$ としてよいです。

$$K = \frac{[CH_3COOH][OH^-]}{[CH_3COO^-]} = \frac{0.1\alpha \times 0.1\alpha}{0.1(1-\alpha)} \fallingdotseq \frac{0.1\alpha \times 0.1\alpha}{0.1} = 0.1\alpha^2 = 3.6 \times 10^{-10}$$

$\alpha^2 = 36 \times 10^{-10}$ なので，$\alpha = 6.0 \times 10^{-5}$

さて，やりたかったことは pH を出すことだったので，$[OH^-]$ を求めましょう。バランスシートから，$[OH^-] = 0.1\alpha = 6.0 \times 10^{-6}$ mol/L となるので，

$$-\log[OH^-] = 6 - \log_{10} 6 = 6 - \log_{10} 2 - \log_{10} 3 = 6 - 0.30 - 0.48 = 5.22$$

これが pOH なので，求める pH は，

$$pH = 14 - pOH = 14 - 5.22 = 8.78$$

となります。

質問 **58**

緩衝液の仕組みとはたらきがよくわかりません。

回答

少量の H^+ や OH^- を加えても，水溶液中の $[H^+]$ や $[OH^-]$ が変化しにくい水溶液を緩衝液といいます。緩衝液にはなぜこのような性質があるのでしょうか？ここでは酢酸を例に考えてみましょう。

まず，酢酸は次のように電離しています。

$$CH_3COOH \rightleftharpoons CH_3COO^- + H^+$$

この式からだけでは，どちらに平衡が偏っているのかがわかりません。そこで，電離定数の値を確認しましょう。酢酸の電離定数 K_a は，25℃ において，

$$K_a = \frac{[CH_3COO^-][H^+]}{[CH_3COOH]} = 2.7 \times 10^{-5} \, mol/L$$

です。**K_a の値がこれだけ小さいということは，分子の $[CH_3COO^-][H^+]$ に比べて，圧倒的に分母の $[CH_3COOH]$ が大きいということです。** つまり，ほぼ CH_3COOH の状態で存在し，酢酸はごく一部だけが CH_3COO^- と H^+ に電離しているということです（図1）。

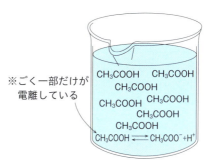

※ごく一部だけが電離している

図1 酢酸水溶液の電離の実態

さて，ここに酢酸ナトリウム CH_3COONa を加えます。酢酸ナトリウムは，次のようにほぼ完全に電離します。

$$CH_3COONa \longrightarrow CH_3COO^- + Na^+$$

> $CH_3COONa \rightleftharpoons CH_3COO^- + Na^+$
> ではなく，
> $CH_3COONa \longrightarrow CH_3COO^- + Na^+$
> であることに注意！

つまり，酢酸ナトリウムを加えたということは，酢酸イオン CH_3COO^- を加えたことと同じと考えていいのです。すると，水溶液は右の図2のように CH_3COOH と CH_3COO^- が共存した状態となります。

もし水溶液中に H^+ が多量に存在していたら，加えた CH_3COO^- は H^+ と反応して CH_3COOH になりますが，水溶液中にはほぼ H^+ が存在していません。K_a が小さいということは，CH_3COOH の状態の方が安定だということでしたからね。

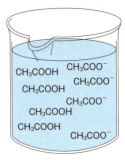

図2　CH_3COOH と CH_3COO^- が共存した状態の水溶液（緩衝液）

よって，CH_3COOH と CH_3COO^- が共存した状態になるのです。これが緩衝液です。

それでは，この緩衝液に H^+ や OH^- を加えたときの反応を見てみましょう。

（i）H^+ を加えたとき

繰り返しになりますが，CH_3COO^- は H^+ が存在すると CH_3COOH になりたがります。よって，少量の H^+ を加えても CH_3COO^- と反応して CH_3COOH になるため，H^+ はそこまで増えません。

「CH_3COOH は弱酸だから，CH_3COOH がつくられたら結局 H^+ が増えるのでは？」と思ったかもしれませんが，何度も言っているように，CH_3COOH はほとんどが CH_3COOH のままで安定し，H^+ を放出しません。よって，少量加えられた H^+ は CH_3COO^- に捕捉されて CH_3COOH になり，水溶液中に H^+ として残るものはほとんどいなくなるのです。

（ii）OH^- を加えたとき

OH^- を加えると，酸である CH_3COOH と反応し，次の反応が起きます。

$$CH_3COOH + OH^- \rightleftharpoons CH_3COO^- + H_2O$$

　この式だけではどのような平衡かよくわからないので，平衡定数を確認する必要があります。この平衡の平衡定数 K は，

$$K = \frac{[CH_3COO^-]}{[CH_3COOH][OH^-]}$$

ですが，これは，

$$K_a = \frac{[CH_3COO^-][H^+]}{[CH_3COOH]}$$

　水のイオン積 $K_w = [H^+][OH^-]$

を使って表現できます。

$$K = \frac{[CH_3COO^-]}{[CH_3COOH][OH^-]} = \frac{[CH_3COO^-][H^+]}{[CH_3COOH]} \div [H^+][OH^-] = \frac{K_a}{K_w}$$

となります。$K_a = 2.7 \times 10^{-5}$ mol/L，$K_w = 1.0 \times 10^{-14}$ (mol/L)^2 なので，

$$K = \frac{2.7 \times 10^{-5} \text{ mol/L}}{1.0 \times 10^{-14} \text{ (mol/L)}^2} = 2.7 \times 10^9 \text{ L/mol}$$

です。**この値はとても大きい**ので，平衡が右に傾いているということを意味します。

$$K = \frac{[CH_3COO^-]}{[CH_3COOH][OH^-]}$$

①この値が大きいということは，
分母に対して分子が大きいということ

$$CH_3COOH + OH^- \longrightarrow CH_3COO^- + H_2O$$

②つまり，平衡が右に偏って
いることを意味している

　CH_3COOH は，OH^- と出合うとほとんどが $CH_3COO^- + H_2O$ となり，安定するということですね。

　ということで，加えられた少量の OH^- は，ほとんどが CH_3COOH と反応して CH_3COO^- と H_2O になるので，水溶液中の OH^- がほぼ増えないのです。

このように，緩衝液は H^+ を加えても OH^- を加えても水溶液の pH は大きく変わりません。ヒトの体内も，H^+，OH^- が多少増えたり減ったりしただけで pH が変わってしまっては困ります。そのため，ヒトの血液は炭酸イオン $CO_3{}^{2-}$ や炭酸水素イオン $HCO_3{}^-$ による緩衝作用のおかげで，pH が約 7.4 に保たれているのです。

　　化学平衡は，平衡定数とセットでないと，平衡がどちらに傾いているのかわからないということがよくわかったかと思います。

類題にチャレンジ 23

解答 → 別冊 p.18

　酢酸と酢酸ナトリウムからなる緩衝液について，次の問 1・問 2 に答えよ。ただし，25℃ における酢酸の電離定数 K_a は 2.7×10^{-5} mol/L（$= 3.0^3 \times 10^{-6}$ mol/L）とする。また，$\log_{10} 2.0 = 0.30$，$\log_{10} 3.0 = 0.48$ を使ってもよい。

問 1　25℃ において，酢酸 0.30 mol と酢酸ナトリウム 0.30 mol を純水に溶かして，1.0 L の緩衝液を調製した。この緩衝液の pH の値を小数第 1 位まで求めよ。ただし，酢酸の水溶液中での電離は無視できるものとする。

問 2　問 1 で調製した緩衝液 100 mL に 0.10 mol/L の塩酸（pH 1.0）100 mL を加えて 200 mL の混合溶液とした。得られた水溶液の pH の値を小数第 1 位まで求めよ。なお，塩酸を加えることに伴う温度変化はないものとする。

（岩手大・改）

01　無機化学の実験操作

質問 **59**

キップの装置の仕組みがわかりません。

化学

A 回答

キップの装置の役割と利点

　キップの装置は，**粒状の固体（粉末はダメ）と液体を反応させ，常温で気体を発生させるための装置**です。

　「だったら，固体に液体を少しずつ加えていけばいいじゃん」と思うかもしれませんが，問題点があります。それは，気体の発生量をコントロールすることができないことです。気体を捕集するために行うので気体が逃げないよう密閉容器の中で固体と液体を反応させると思いますが，内圧が上がりすぎて爆発などしたら大変です。たとえば，次の図1のように……。

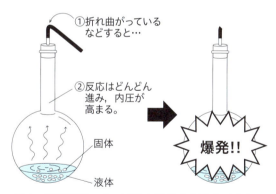

図1　密閉容器の中で固体と液体を反応させると…

　キップの装置を使えば，**内圧が上がりすぎた場合に固体と液体の反応が自動で止まるようになっています。**また，**コックを開けて気体を逃がすと（捕集すると），内圧が下がることで固体と液体の反応が再開するようになります。**

　このように，内圧が上がりすぎる危険性が回避できる上，固体と液体の反応を簡単にコントロールできるのが，キップの装置を使う利点なのです。

キップの装置の仕組みがわかりづらい理由

　キップの装置の仕組みがわかりづらいのには理由が３つあります。

理由①：少し変わった構造をしている点です。実は，キップの装置は次の図２のように分解できます。左は『固体の部屋』『液体の部屋』からなります。一方，右は「『固体の部屋』よりも高い位置から，固体に触れないように，『液体の部屋』に液体を届けるもの」です。

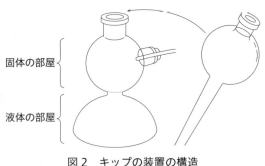

固体の部屋

液体の部屋

図２　キップの装置の構造

　『固体の部屋』よりも高いところから入れないと，液体が『固体の部屋』まで上がらず，固体と液体を反応させられません。

理由②：キップの装置の仕組みがわかりにくいもう１つの理由は，**反応の調整を，入れる液体ではなく，発生する気体で行っている点**です。どういうことかというと，普通，固体に反応させる液体量をコントロールしたいのであれば，入れる液体量を調整しますよね。しかし，液体量をコントロールしても，入れすぎてしまったら後の祭りです。キップの装置では，気体の発生量を調整していれば（多かったらコックを閉じ，少なかったらコックを開ける），気体の発生源である液体量も調整されるようになっています。

　このカラクリが，キップの装置の仕組みを難しくしている原因の１つです。

理由③：キップの装置の仕組みがわかりにくい最後の理由は，従来の参考書では手順ごとの写真やイラストが掲載されていない点が挙げられるでしょう。

　そこで本書では，各手順を図解しながら解説しましょう。

キップの装置の操作手順

1. 『固体の部屋』に固体試料を入れます。小さな
   すきまが空いていますが，そのすきまから落
   ちない大きさの固体試料を入れます（このす
   きまから液体試料が入ってくるわけです）。

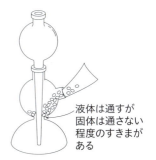

液体は通すが
固体は通さない
程度のすきまが
ある

2. 栓をして，コックを閉じていることを確認し
   ます。

コック

3. 上部から液体試料を流し込みます。『液体の部
   屋』が液体試料で満ち，さらに固体試料が液
   体試料に触れるまで入れます。

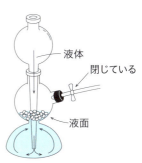

液体

閉じている

液面

4. すると，気体が発生します。

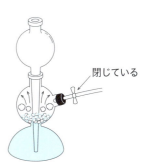

閉じている

5. 反応が進むと『固体の部屋』の内圧が上がり，
   液体試料が押し戻されます。液体試料と固体
   試料が接触しなくなるまで液面が下がります。
   　『固体の部屋』というのは「底のすきまから
   液体試料が入ってくる空間」なので，気体で
   充満してくるとその液体試料を押し戻すのは
   当然ですよね。

押し戻された
液体

閉じている

液面

6. コックを開くと気体が得られます。そして再
   びコックを閉じます。

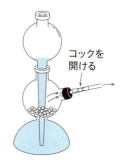

コックを
開ける

7. 先ほどコックを開けて内圧が下がっているの
   で，再び液体試料の一部が『固体の部屋』に入っ
   て気体が発生します。そうして 5. に戻ります。

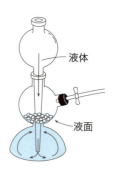

液体

液面

　このようにキップの装置を使って，安全に気体を捕集していくのです。

質問 60

水上置換をしなくても，上方置換か下方置換のどちらかで気体を捕集すればよいのではないでしょうか？

　なぜわざわざ水上置換で捕集するかというと，**水上置換では，空気を含まない純粋な気体を捕集することができる**からです。

　たとえば，水素は空気より軽いため，上方置換で捕集することもできますが，**上方置換で捕集すると空気が混入してしまう**ため，純粋な水素の気体を捕集することができません。よって，水上置換で捕集するわけです。

　これを押さえると，**水上置換で気体を捕集するとき，はじめに出てくる気体を捨てる理由**もわかりますね。はじめは，ビーカーやフラスコ，試験管内に存在する空気が出てきますが，それらを捕集しないようにするためです。

　ただし，水上置換も純粋な気体が捕集できるというものの，水をくぐった気体には必ず**水蒸気**が混入していることには注意が必要です。

類題にチャレンジ 24　　　　　　　　　　　　　解答 → 別冊 p.19

　大気圧 1.0×10^5 Pa，27℃ の状態で水素を水上置換で捕集したところ，130 mL の気体を得た。このとき，捕集した水素は何 mol か求めよ。ただし，27℃ における水の飽和蒸気圧を 4.0×10^3 Pa，気体定数 $R = 8.3 \times 10^3$ Pa・L／(mol・K) とする。なお，水素が水に溶ける分は無視できるとする。

（オリジナル）

上方置換と下方置換のどちらで気体を捕集するのか，簡単にわかる方法はないですか？

 回答

　水に溶けにくい気体は水上置換，水に溶けやすく空気より密度が大きい気体は下方置換，水に溶けやすく空気より密度が小さい気体は上方置換で捕集するのでした。

　水に溶けやすいかどうかは覚えなければなりませんが，空気より重いか軽いかは暗記しなくても求められます。

　気体の分子量を，空気の平均分子量と比較したらいいのです。

空気の平均分子量とは？

　まず，平均分子量とは**2種類以上の異なる気体分子が一定割合で混合している場合の，見かけの分子量**のことです。

　では空気の平均分子量はというと，窒素：酸素＝4：1の物質量の比で混合している気体とみなすのが一般的です。窒素のモル質量は 28.0 g/mol，酸素のモル質量は 32.0 g/mol ですので，空気 1 mol あたりの質量は，

$$28.0 \text{ g/mol} \times \frac{4}{5} + 32.0 \text{ g/mol} \times \frac{1}{5} = 28.8 \text{ g/mol}$$

となります。これが空気の平均分子量です。

気体の分子量と比較

では，水に溶けやすい気体（アンモニア NH_3，二酸化炭素 CO_2，塩化水素 HCl）の分子量と比較してみましょう。

・**アンモニア NH_3**

$N = 14$，$H = 1.0$ より，NH_3 は 17 g/mol ⇒ 空気より軽いので**上方置換**

・**二酸化炭素 CO_2**

$C = 12$，$O = 16$ より，CO_2 は 44 g/mol ⇒ 空気より重いので**下方置換**

・**塩化水素 HCl**

$H = 1.0$，$Cl = 35.5$ より，HCl は 36.5 g/mol ⇒ 空気より重いので**下方置換**

なお，アンモニア分子が空気より軽いこと，二酸化炭素が空気より重いことは知識として覚えましょう。

02　無機物質の性質

質問 62

ヨウ素は水にほとんど溶けないのに，ヨウ化カリウム水溶液に よく溶けるのはなぜですか？

A 回答

前提として，ヨウ素 I_2 は無極性分子のため，極性をもつ水にはほとんど溶けません。

水は極性をもつので，イオン結晶や極性分子を溶かします。一方，有機溶媒は極性をもたないので，無極性分子を溶かします。

	極性溶媒	無極性溶媒
イオン結晶や極性分子	溶ける	溶けない
無極性分子	溶けない	溶ける

ということは，ヨウ化カリウム水溶液は極性をもつため，ヨウ素 I_2 は溶けないと考えてもよさそうです。しかし実際は，ヨウ素はヨウ化カリウム水溶液によく溶け，褐色の溶液となります。ヨウ素 I_2 が，**ヨウ化カリウム水溶液から電離したヨウ化物イオン I^- と反応**し，三ヨウ化物イオン I_3^- となって溶けるからです。

化学反応式を書いて説明しましょう。ヨウ化カリウム KI は水溶液中で，

$$KI \rightleftharpoons K^+ + I^-$$

と電離しています。ここにヨウ素 I_2 を加えると，

$$I_2 + I^- \rightleftharpoons I_3^-$$

となって溶けます。溶質と溶媒の極性が「溶けない」組合せであっても，溶液中の物質が化学反応を起こすときは，この限りではないということですね。

なお，三ヨウ化物イオン I_3^- が水溶液中に存在すると**褐色を示します**。そして，ヨウ素ヨウ化カリウム水溶液，またはヨウ素溶液といいます。

　　このヨウ素溶液はヨウ素デンプン反応に使われ，ヨウ素溶液にデンプンを加えることによって鮮やかな青紫色になります。

　では，無極性分子であるヨウ素 I_2 を，無極性溶媒（ヘキサンなど）に加えるとどうなるのでしょうか？

　無極性溶媒中にはヨウ化物イオン I^- が存在しないので，$I_2 + I^- \rightleftharpoons I_3^-$ の反応も起きません。ヨウ素 I_2 はそのまま存在するため，溶液の色も紫色のままとなります。

塩化ナトリウム NaCl と濃硫酸 H_2SO_4 を反応させたときに，Na_2SO_4 と HCl ではなく $NaHSO_4$ と HCl ができるのはなぜですか？

A 回答

NaCl と H_2SO_4 を反応させると，次の①の反応が起きます。

○　$NaCl + H_2SO_4 \longrightarrow NaHSO_4 + HCl$　　…①
×　$2NaCl + H_2SO_4 \longrightarrow Na_2SO_4 + 2HCl$　…②

反応が①で止まり，②まではほぼ進まないのは，**酸の強さ（H^+ の放出しやすさ）**が関係しています。

反応①が進む理由

反応①が進む理由について説明しましょう。H^+ の行方に注目してください。

まず，H_2SO_4 が H^+ を放出して HSO_4^- となります。こうして放出された H^+ は Cl^- が受け取り，HCl となります。ポイントは，強酸として知られる HCl も H^+ を放出したいのにもかかわらず，より強い酸である H_2SO_4 がいわば H^+ を"押し付けている状態"であるということです。

俺の方が H^+ を
放出したいんだ！　$H_2SO_4 \longrightarrow HSO_4^- + H^+$

$Cl^- + H^+ \longrightarrow HCl$　僕も H^+ を放出したいんだけど，仕方ないな…

反応②まで進まない理由

では，反応①で生成したNaHSO₄（電離してHSO₄⁻）が，さらにNaClと反応してNa₂SO₄（電離してSO₄²⁻）にならないのはなぜでしょうか？仮に，NaHSO₄とNaClが反応するとしたら，次のような反応式となります。

$$NaHSO_4 + NaCl \longrightarrow Na_2SO_4 + HCl$$

ここでもH⁺の行方に注目すると，HSO₄⁻がH⁺を放出してSO₄²⁻となり，Cl⁻がH⁺を押し付けられてHClになっているのです。

しかし，**酸の強さはHCl＞HSO₄⁻であるため，このような反応は進みません。**よって，反応は①で止まり，②までは進まないのです。

質問
64

硫酸を水で薄めるときは，攪拌させながら水に少しずつ硫酸を加えていくのはなぜですか？
硫酸に水を加える，ではいけないのですか？

A 回答

濃硫酸の溶解熱は非常に大きいです。つまり，**濃硫酸が水に触れると非常に高温になります。**

まず，濃硫酸に水を加えていったとしましょう。

濃硫酸の方が水よりも密度が大きいので，水を加えると水は濃硫酸に浮き，水面近くで発熱反応を起こします。発生した熱により水は急に沸騰し，硫酸が周りに飛び散って非常に危険です（図1）。

図1　濃硫酸に水を加えると…

次に，水に濃硫酸を加えたとしましょう。

濃硫酸の方が重いため，濃硫酸は沈んでいき，水面近くで硫酸が飛び散る可能性は低くなります（図2）。なお，溶解熱の急な発生を抑えるためにも，硫酸を加える際は少しずつ，攪拌させながら加えていく必要があります。

図2　水に濃硫酸を加えると…

質問 65

接触法では，なぜ三酸化硫黄を発煙硫酸の状態にするのですか？

 回答

硫酸の工業的製法である**接触法**は，次の3つの手順で行われます。

手順1：硫黄 S，もしくは黄鉄鉱 FeS_2 を燃焼させ，二酸化硫黄 SO_2 を得る。

$$S + O_2 \longrightarrow SO_2$$
$$4FeS_2 + 11O_2 \longrightarrow 2Fe_2O_3 + 8SO_2$$

手順2：得た二酸化硫黄 SO_2 を酸化させ，三酸化硫黄を得る。

$$2SO_2 + O_2 \longrightarrow 2SO_3$$

この反応はそのままではなかなか起こりません。反応を速く進めるために**触媒**として酸化バナジウム（V）V_2O_5 を加え，**高温・高圧**の条件下で反応させる必要があります。

手順3：手順2で得た三酸化硫黄 SO_3 に濃硫酸を加えて発煙硫酸とし，そこに希硫酸を加える。

$$SO_3（発煙硫酸）+ H_2O \longrightarrow H_2SO_4$$

では，なぜ三酸化硫黄を発煙硫酸の状態にする必要があるのでしょうか？

反応式だけで考えれば，三酸化硫黄に水を加えれば，

$$SO_3 + H_2O \longrightarrow H_2SO_4$$

のように硫酸ができそうですよね。しかし，実際にはこれはうまくいかないのです。硫酸には「溶解熱が大きい」という性質があります（→質問64）。そのため，**三酸化硫黄に水を加えて硫酸ができたとしても，発熱してせっかくできた硫酸が蒸発してしまう**のです（p.148 図1左）。

そこで，まず三酸化硫黄を硫酸に溶かすのです。三酸化硫黄を濃硫酸に溶かしたものを発煙硫酸といい，名前の通り，煙のように SO_3 の蒸気を出すことからこのような名前が付いています。発煙硫酸という物質があるのではなく，**三酸化硫黄が溶けた濃硫酸の溶液を発煙硫酸とよんでいる**のです。

この発煙硫酸と希硫酸を混ぜることによって（硫酸をいきなり水で薄めることを避けるため希硫酸を使う），溶解熱が抑えられ，工業的に有利に硫酸をたくさんつくることができるのです（図1右）。

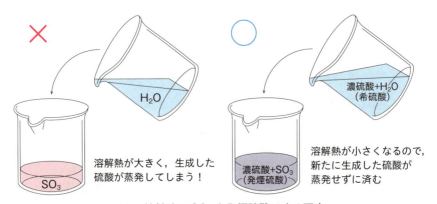

図1　接触法で SO_3 を発煙硫酸にする理由

※図はあくまでイメージ。接触法ではビーカーを使って溶液を混ぜ合わせることはない。

質問
66

硝酸を光に当ててはいけないと聞きましたが，光が当たるとどのような反応が起きてしまうのですか？

回答

硝酸は光や熱によって，二酸化窒素と水と酸素に分解されてしまいます。

$$4HNO_3 \longrightarrow 4NO_2 + 2H_2O + O_2$$

そのため，硝酸は外界の光や熱に反応しないように光を透過させない**褐色のびんに入れて冷暗所で保存**する必要があります。

他の物質でも，その性質上保存方法に注意しなければいけないものがいくつかあります（表1）。理由とあわせて覚えましょう。

第2章　無機化学

表1　保存方法に注意が必要な物質

物質	保存方法
黄リン	空気中で自然発火するため，**水中**で保存する。
水酸化ナトリウム・水酸化カリウム	どちらも潮解性（空気中の水分を吸収する性質）をもつため，湿気を避けて保存する。
ハロゲン化銀	光と反応して銀を析出してしまうため，**褐色のびん**に入れて保存する。
フッ化水素酸	ガラスを溶かす性質があるため，**ポリエチレン容器**などガラス以外の容器に入れて保管する。
アルカリ金属（Na，Li など）	酸素や水と反応するので，**石油中**で保存する。

化学薬品の性質とその保存方法に関する記述として誤りを含むものを，次のア〜オのうちから1つ選べ。

ア　フッ化水素酸はガラスを腐食するため，ポリエチレンのびんに保存する。

イ　水酸化ナトリウムは潮解するため，密閉して保存する。

ウ　ナトリウムは空気中の酸素や水と反応するため，エタノール中に保存する。

エ　黄リンは空気中で自然発火するため，水中に保存する。

オ　濃硝酸は光で分解するため，褐色のびんに保存する。

（センター試験）

質問 67

濃硝酸と希硝酸の違いを教えてください。
同じく，希硫酸と濃硫酸，熱濃硫酸の違い，希塩酸と濃塩酸の
違いについても教えてください。

 回答

いずれも**濃度が違うだけ**ですが，化学的性質が大きく変わることがあります。

濃硝酸と希硝酸

・共通点：どちらも酸化力がある（＝酸化剤として使用される）（→質問33）
・相違点：酸化における変化

$$HNO_3（濃硝酸）+H^+ + e^- \longrightarrow NO_2 + H_2O$$
$$HNO_3（希硝酸）+3H^+ + 3e^- \longrightarrow NO + 2H_2O$$

・濃硝酸のみにみられる性質
　①光によって分解しやすい
　②鉄やアルミニウムを酸化して不動態にする

希硫酸と濃硫酸と熱濃硫酸

　硫酸は，濃度と温度の違いで，希硫酸，濃硫酸，熱濃硫酸の3種類に分けることができます。いずれも酸性を示すという共通点がありますが，濃硫酸や熱濃硫酸には，それぞれ特有の性質があります。
・濃硫酸のみにみられる性質
　①不揮発性の酸である
　　　濃硫酸は沸点が高く，蒸発しにくい不揮発性の酸です。これを利用し，揮発性の酸の塩から揮発性の酸をつくるために利用されます。

$$NaCl + H_2SO_4 \longrightarrow NaHSO_4 + HCl\uparrow$$

　「揮発性の酸の塩」とは，塩化物，硝酸塩，炭酸塩などがあります。
　塩化物：$NaCl$ など　硝酸塩：$NaNO_3$ など　炭酸塩：Na_2CO_3 など

②脱水作用がある

　　たとえば，スクロースに濃硫酸を加えると，濃硫酸の脱水作用により，次のように炭素と水が残ります。

$$C_{12}H_{22}O_{11} \longrightarrow 12C + 11H_2O$$

③吸湿性がある

　　乾燥剤などにも用いられます。

④溶解熱が非常に大きい

　　濃硫酸の溶解熱は非常に大きいため，濃硫酸を薄めるときに直接水を加えるのは，飛び散る可能性があり危険です（→質問64）。

・熱濃硫酸のみにみられる性質
　①酸化作用がある

　　熱濃硫酸は強い酸化作用を示すため，酸化剤として使われます。

$$H_2SO_4 + 2H^+ + 2e^- \longrightarrow SO_2 + 2H_2O$$

希塩酸と濃塩酸

　濃度の違いであり，化学的性質に大きな違いはないと考えて結構です。

類題にチャレンジ 26

解答 → 別冊 p.20

　銅は塩酸や希硫酸とは反応しないが，硝酸や加熱した濃硫酸とは反応して硝酸銅（Ⅱ）や硫酸銅（Ⅱ）が生成する。次の問1・問2に答えよ。

問1　銅はなぜ硝酸や加熱した濃硫酸とは反応するのか。理由を簡潔に記せ。
問2　銅を濃硝酸と反応させたときの化学反応式を記せ。

（静岡大）

質問 68

なぜアルミニウムは溶融塩電解によって取り出すのですか？

 回答

　自然界に存在する多くの金属は,単体としてではなく,酸化物や硫化物といった化合物として存在します。その方が,単体よりもエネルギー的に安定しているからです。

　では,安定して存在する化合物から,純度の高い単体の金属を得るにはどうしたらよいでしょうか？

銅の精錬

　アルミニウムについてお話しする前に,純度の高い銅を得る方法についてお話しましょう。

　銅はまず,黄銅鉱 $CuFeS_2$ という鉱石を,純度99％ほどの粗銅にします。さらに純度を上げるために行われるのが電解精錬です。

　銅の電解精錬では,粗銅板を陽極,純銅板を陰極にして,硫酸銅（Ⅱ）水溶液中で電気分解を行います。陽極では $Cu \longrightarrow Cu^{2+} + 2e^-$ という反応が起きて粗銅中の Cu が Cu^{2+} となって水溶液中に溶け,陰極では

$Cu^{2+} + 2e^- \longrightarrow Cu$ という反応が起きるため,純度の高い銅が得られるのです。

　粗銅に含まれる不純物は2種類に分けられます。それは,Cu よりイオン化傾向が大きい物質と,小さい物質です。Cu よりイオン化傾向の大きい Fe, Ni といった金属は,Cu より優先的に陽極でイオン化しますが,イオン化傾向が大きいがゆえに,陰極では Cu^{2+} が優先的に Cu に還元されます。Fe^{2+} や Ni^{2+} は水溶液中にイオンのまま残るということです。

　一方,Cu よりイオン化傾向の小さい Ag, Au などの不純物はどうなるかというと,陽極で Cu が優先的にイオン化されるので,イオン化されずにそのまま沈殿します。これを陽極泥といいます。

アルミニウムの精錬

さて，アルミニウムは自然界ではボーキサイト $Al_2O_3 \cdot nH_2O$ という鉱石の状態で存在しています。これをアルミナ Al_2O_3 という酸化アルミニウムの状態にしたあと，次の図1のような溶融塩電解（融解塩電解）によって，純度の高い単体のアルミニウム Al を得ます。

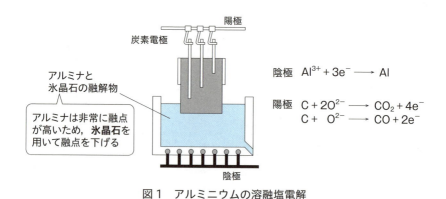

図1 アルミニウムの溶融塩電解

溶融塩電解とは，**固体を高温で融解させて電気分解すること**です。ではなぜ，アルミニウムは銅の電解精錬のように水溶液中で電気分解しないのでしょうか？それは，**アルミニウムは水素よりイオン化傾向が大きいから**です。

そのため，水溶液中で電気分解すると，陰極ではアルミニウム Al より先に，水溶液中の水素（H）が電子を受け取り，水素 H_2 となります。

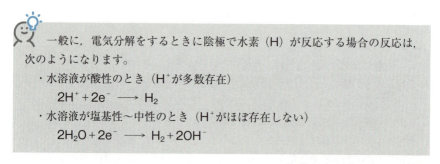

よって，**水がなければイオン化傾向の大きい Al が電子を受け取って単体の Al になります**。そのため，アルミニウムはアルミナそのものを高温で融解し，直接的に電気分解するのです。

K, Ca, Mg など，水素（H）よりイオン化傾向が大きい他の金属も，溶融塩電解をして単体の金属を取り出します。

類題にチャレンジ 27

解答 → 別冊 p.20

アルミニウムの単体は(a)酸化アルミニウムを溶融塩電解して製造される。アルミニウムは（あ）族の元素で（い）価の陽イオンになりやすい。(b)アルミニウムは両性金属で塩酸にも水酸化ナトリウム水溶液にも溶解する。

また，アルミニウムイオンを含む水溶液に少量の水酸化ナトリウム水溶液を加えると白色ゲル（ゼリー）状の（う）が沈殿する。

問1　（あ），（い）に当てはまる数字を示せ。また，（う）に当てはまる化学式と名称を記せ。

問2　下線部(a)に関して，アルミニウム 1.08×10^2 kg を製造するために必要な電気量を有効数字3桁で求めよ。ただし，この溶融塩電解における電気量はすべて電解に使用されるものとする。アルミニウムの原子量を 27.0，ファラデー定数を 9.65×10^4 C/mol として計算せよ。

問3　下線部(b)に関して，アルミニウムを塩酸に溶解させた場合，および水酸化ナトリウム水溶液に溶解させた場合の反応式をそれぞれ記せ。

（富山大）

01　脂肪族化合物と芳香族化合物

質問 69

構造異性体の数を数えるときに考慮漏れが出てしまいます。
どう考えれば漏れがなくなるでしょうか？

回答

構造異性体の数を答える問題では，次の 3 つの手順で考えましょう。

手順 1：不飽和度を調べる

　　不飽和度 U を調べることによって構造を予想し，候補を絞ること
ができます。C と H のみ，もしくは C と H と O から構成される化
合物について，

$$\underset{\text{不飽和度}}{U} = \frac{(2C+2) - H}{2}$$

C 原子数　　H 原子数

で，不飽和度を求めます。その結果から，次のように場合分けするこ
とができます。

- ・不飽和度 0：すべて単結合
- ・不飽和度 1：二重結合（アルケン）1 つ or 環状構造 1 つ
- ・不飽和度 2：三重結合（アルキン）1 つ or 二重結合 2 つ or
　　　　　　　　環状構造と二重結合 1 つずつ or 環状構造 2 つ

手順 2：炭素骨格の構造を調べる

手順 3：C 骨格にその他の原子が入る場所を考える

　例として，$C_4H_{10}O$ の構造異性体の数を調べてみましょう。
手順 1：不飽和度 U を調べます。

$$U = \frac{(2 \times 4 + 2) - 10}{2} = 0$$

手順2：炭素骨格にどういった形がありえるか考えます。この場合は，下の表の④・⑧の2パターンがあります。

手順3：Oの入る位置を変えてすべて書き出します。このとき，不飽和度は0なので単結合しかありません。よって，Oは–OHまたは–O–の形で存在することがわかります。これより，構造異性体は7種類（下の表の①〜⑦）あることがわかります。

-OH を入れる位置を考える

-O- を入れる位置を考える

C 骨格のパターン	アルコール	エーテル
④ C-C-C-C	① C-C-C-C-OH　② OH上 C-C-C-C	③ C-C-C-O-C　④ C-C-O-C-C
⑧ C-C-C 下C	⑤ C-C-C-OH 下C　⑥ OH上 C-C-C 下C	⑦ C-C-O-C 下C

　こういった手順を踏んでも，それでも考慮漏れしてしまうことはあります。最終的には，自分はどういうときに考慮漏れしてしまうのかをまとめ，同じ間違いをしないよう意識して問題を解いていくしかありません。

類題にチャレンジ 28

解答 → 別冊 p.21

　分子式が C_5H_{10} で表される有機化合物で二重結合を有するものには（あ）種類の異性体が存在する。以下の事柄は，これらの異性体について記述したものである。
・不斉炭素原子を有する異性体は（い）個である。
・プロピル基を有する異性体は（う）個である。
・水素を付加して二重結合を単結合にすると，異性体は（え）種類になる。
　文中の（あ）〜（え）に当てはまる適切な数値を答えよ。

（横浜国立大）

第3章 有機化学

質問 70

不斉炭素原子をもつ化合物が，鏡像異性体をもつとは限らない というのは本当ですか？

 回答

　はい，その通りです。まずは用語の整理からしていきましょう。

　不斉炭素原子とは，**4種の異なる原子（原子団）と結合している炭素原子の**ことです。

　また，鏡像異性体（光学異性体）とは，**鏡に映したもの（鏡像体）と重ね合わせることができないような関係にある異性体**のことを指します。

　高校の教科書では，「不斉炭素原子をもつ化合物は鏡像異性体をもつ」と説明されています。ところが，不斉炭素原子をもつ化合物であっても，鏡像異性体をもたないことがあるのです。

　たとえば，cis-1, 2-ジブロモシクロプロパン $C_3H_4Br_2$ は不斉炭素原子をもちますが，これを鏡に映した構造の物質は，もとの物質と構造が一致するため，鏡像異性体ではありません（図1）。

　このように，不斉炭素原子をもつからといって，必ずしも鏡像異性体をもつとは限らないのです。

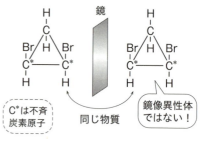

図1　cis-1, 2-ジブロモシクロプロパン

さらなる疑問

では,「鏡像異性体をもつ化合物は必ず不斉炭素原子をもつ」と問われたら,これまた否です。

たとえば,ヘキサクロロシクロヘキサン(ベンゼンヘキサクロリド)$C_6H_6Cl_6$ は不斉炭素原子をもちませんが,塩素原子 Cl が付く位置によっては,鏡像異性体が存在します。次の図2に示した2つの化合物は,どちらもヘキサクロロシクロヘキサンの異性体であり,重ね合わせることはできません。つまり,鏡像異性体の関係にあるのです。

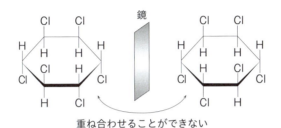

重ね合わせることができない

図2　ヘキサクロロシクロヘキサンの鏡像異性体
※環をつくっている C 原子は省略した。

質問 71

エタノールに濃硫酸を加えて加熱する際，130〜140℃ではジエチルエーテル，160〜170℃ではエチレンができるのはなぜですか？

A 回答

どちらも，エタノールを硫酸が脱水して $C_2H_5^+$ をつくるところまでは共通しています。この正電荷が，別のエタノール分子の非共有電子対と反応するのと，隣の C−H 結合の共有電子対と反応するのとで，どちらの方がエネルギーを必要とするかがポイントとなります。

130〜140℃ での反応

130〜140℃ では**分子間脱水**が起きます。

$H_5C_2^+$ + $H-O-C_2H_5$ ⟶ $H_5C_2-O-C_2H_5$ という反応が起きているのですが，こちらは別のエタノール分子の非共有電子対と反応し，C−O 結合の生成（発熱）と C−H 結合の切断（吸熱）が両方行われるため，それほど大きなエネルギーを必要としません。そのため，130〜140℃ と比較的高くない温度でもジエチルエーテルは生成します。

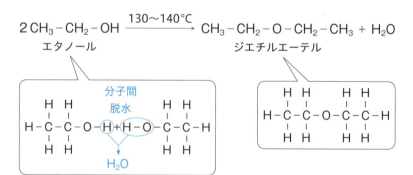

$$2\,CH_3-CH_2-OH \xrightarrow{130\sim140℃} CH_3-CH_2-O-CH_2-CH_3 + H_2O$$

エタノール　　　　　　　　　　　ジエチルエーテル

このように，分子間で水などの簡単な分子が失われ，2分子が結合することを縮合といいます。

160～170℃での反応

160～170℃では**分子内脱水**が起きます。

$H_3C-CH_2^+ \longrightarrow H_2C=CH_2$ という反応が起きているのですが，こちらは C-H結合の切断（吸熱）のみが行われるため，より大きなエネルギーを必要 とします。よって，より高温でないとエチレンは生成しません。

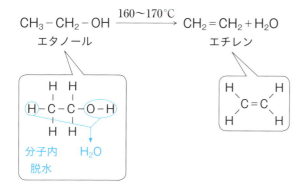

ホルミル基(アルデヒド基)の検出に使われる銀鏡反応やフェーリング反応では，何が起きているのですか？

 回答

　銀鏡反応，フェーリング反応ともにホルミル基の検出に使われるのでした。それぞれの反応でどういったことが起きているのか詳しく見ていきましょう。

共通点

　ホルミル基$-CHO$は酸化されるとカルボキシ基$-COOH$になることは知っていますよね。銀鏡反応とフェーリング反応ではどちらもこの性質を利用し，ホルミル基が相手を還元させています。

銀鏡反応

　ジアンミン銀（Ⅰ）イオン$[Ag(NH_3)_2]^+$を含むアンモニア性硝酸銀水溶液に，アルデヒド$R-CHO$（Rは水素または炭化水素基）を加えて穏やかに加熱すると，アンモニア性硝酸銀水溶液中に含まれる銀イオンAg^+が還元され，銀Agの単体が生成して鏡のようになります。これを銀鏡反応といいます。

　次のe^-を含むイオン反応式(半反応式)は書けるようになっておきましょう。ジアンミン銀（Ⅰ）イオン$[Ag(NH_3)_2]^+$が銀Agになることから自力で導けるはずです。

$$[Ag(NH_3)_2]^+ + e^- \longrightarrow Ag + 2NH_3$$

フェーリング反応

　フェーリング液には銅（Ⅱ）イオンCu^{2+}が含まれていますが，ここにアルデヒドを加えて穏やかに加熱すると，銅（Ⅱ）イオンCu^{2+}が還元されて酸化銅（Ⅰ）Cu_2Oの赤色沈殿を生じます。これをフェーリング反応といいます。

　次のe^-を含むイオン反応式も書けるようになっておきましょう。銅（Ⅱ）イオンCu^{2+}が酸化銅（Ⅰ）Cu_2Oになることから自力で導けるはずです。

$$2Cu^{2+} + 2OH^- + 2e^- \longrightarrow Cu_2O + H_2O$$

第3章　有機化学

類題にチャレンジ 29

解答 → 別冊 p.22

炭化水素基 R をもつ化合物 RCHO をガラス製の試験管にとり，アンモニア性硝酸銀水溶液を入れて穏やかに加熱したところ，試験管の内側に銀が析出した。これは銀鏡反応とよばれており，この反応は次のイオン反応式で表される。式中の あ ～ え に当てはまる化学式を書け。ただし，化合物 RCHO および RCHO に由来する分子は，R を含む示性式で書け。

$$\boxed{\text{あ}} + 2\boxed{\text{い}} + 3OH^- \longrightarrow \boxed{\text{う}} + 2\boxed{\text{え}} + 4NH_3 + 2H_2O$$

（東北大・改）

質問 73　ヨードホルム反応では何が起きているのですか？

A 回答

　ヨードホルム反応とは，ヨードホルム反応を示す物質に**ヨウ素と水酸化ナトリウム水溶液を加えて温める**ことで特有の臭気をもつ**ヨードホルム** CHI_3 の黄色沈殿が生成する反応のことをいいます。

　ヨードホルム反応を示す物質は，右の図1の構造をもつ物質です。CH_3COR と $CH_3CH(OH)R$ の2通りがありますが，それぞれの構造について，ヨードホルム反応の仕組みを見てみましょう。

$$CH_3-\overset{\overset{\displaystyle O}{\|}}{C}-R \ \text{または} \ CH_3-\overset{\overset{\displaystyle OH}{|}}{\underset{\underset{\displaystyle H}{|}}{C}}-R$$

※RはHまたは炭化水素基

図1　ヨードホルム反応を
　　　示す物質の構造

CH_3COR のヨードホルム反応の仕組み

　まず，水酸化ナトリウム水溶液による塩基性条件下で，水素原子とヨウ素原子が置換されます。

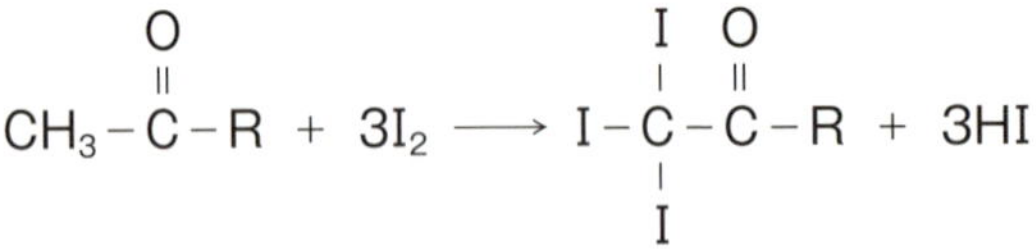

$$CH_3-\overset{\overset{\displaystyle O}{\|}}{C}-R + 3I_2 \longrightarrow \overset{\overset{\displaystyle I}{|}}{\underset{\underset{\displaystyle I}{|}}{I-C}}-\overset{\overset{\displaystyle O}{\|}}{C}-R + 3HI$$

反応溶液には $NaOH$ があるため，生じた HI は中和されます。

$$HI+NaOH \longrightarrow NaI+H_2O$$

次に，H_2O 分子と反応し，ヨードホルムとカルボン酸が生成します。

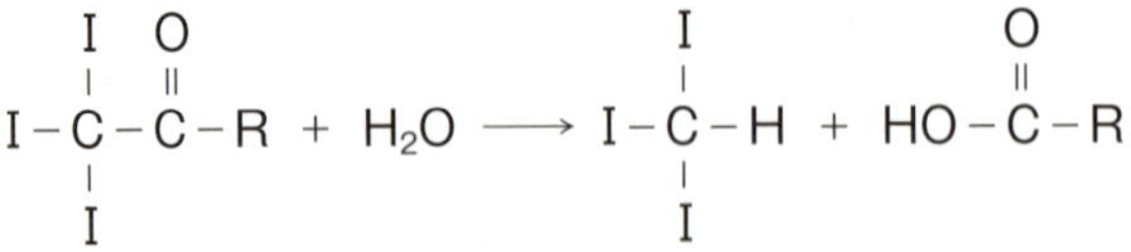

$$\overset{\overset{\displaystyle I}{|}}{\underset{\underset{\displaystyle I}{|}}{I-C}}-\overset{\overset{\displaystyle O}{\|}}{C}-R + H_2O \longrightarrow \overset{\overset{\displaystyle I}{|}}{\underset{\underset{\displaystyle I}{|}}{I-C}}-H + HO-\overset{\overset{\displaystyle O}{\|}}{C}-R$$

最後に，生成したカルボン酸は，溶液中の NaOH によって中和され，カルボン酸ナトリウムになります。

$$RCOOH + NaOH \longrightarrow RCOONa + H_2O$$

まとめると，次のようになります。

$$CH_3COR + 3I_2 + 4NaOH \longrightarrow CHI_3 + RCOONa + 3NaI + 3H_2O$$
ヨードホルム

ここでは，CH_3COR を酸化すると $RCOONa$ となること，ヨードホルムが CHI_3 であることの2つを知っていれば OK です。

$CH_3CH(OH)R$ のヨードホルム反応の仕組み

ヨウ素は酸化剤でもあるため，はじめに $CH_3-CH(OH)-R$ が酸化されて CH_3-CO-R に変化します。

$$CH_3-CH(OH)-R + I_2 + 2NaOH \longrightarrow CH_3-CO-R + 2NaI + 2H_2O$$

その後は，CH_3COR と同じになります。まとめると次のようになります。

$$CH_3-CH(OH)-R + 4I_2 + 6NaOH$$
$$\longrightarrow CHI_3 + RCOONa + 5NaI + 5H_2O$$
ヨードホルム

第3章

有機化学

類題にチャレンジ 30

解答 → 別冊 p.22

右に示した化合物にヨウ素と水酸化ナトリウム水溶液を加えて加熱すると，特有の臭いのあるヨードホルムの黄色沈殿が生じた。この反応は次の化学反応式で表される。式

$$CH_3-CH-CH_2-CH_3$$
$$\qquad\quad |$$
$$\qquad\quad OH$$

中の あ ・ い ・ お ・ か には当てはまる数字を， え には当てはまる化合物の示性式を書け。ただし，式中の う にはヨードホルムの化学式が入る。

$$CH_3-CH-CH_2-CH_3 + \boxed{あ} NaOH + \boxed{い} I_2$$
$$\quad\; |$$
$$\quad\; OH$$
$$\longrightarrow \boxed{う} + \boxed{え} + \boxed{お} NaI + \boxed{か} H_2O$$

（金沢大・改）

質問 74

マレイン酸とフマル酸で，より融点が高いのはどちらですか？
また，それはなぜですか？

A 回答

マレイン酸とフマル酸はどちらも分子式 $C_4H_4O_4$ で表されるシス－トラン
ス異性体（幾何異性体）で，シス形がマレイン酸，トランス形がフマル酸です。

```
    H       H              H       COOH
     \     /                \     /
      C = C                  C = C
     /     \                /     \
 HOOC       COOH        HOOC       H
   マレイン酸               フマル酸
   （シス形）               （トランス形）
```

> シス－トランス異性体は，二重結合が回転できないために生じる異性体のこ
> とで，シス型とトランス型があります。

さて，HF や H_2O の融点・沸点は，分子量から予想されるよりもはるかに
高くなります。それは，分子間で水素結合が形成され，分子間力を断ち切って「固
体→液体→気体」と変化させるのにより多くの熱エネルギーを加えないといけ
ないからです。

マレイン酸とフマル酸の融点が異なることも，分子間での水素結合の数が原
因です。どちらも分子間で水素結合を形成するのですが，**マレイン酸では分子
内でも水素結合を形成する**ため，その分，分子間での水素結合が少なくなりま
す（p.167 図 1）。

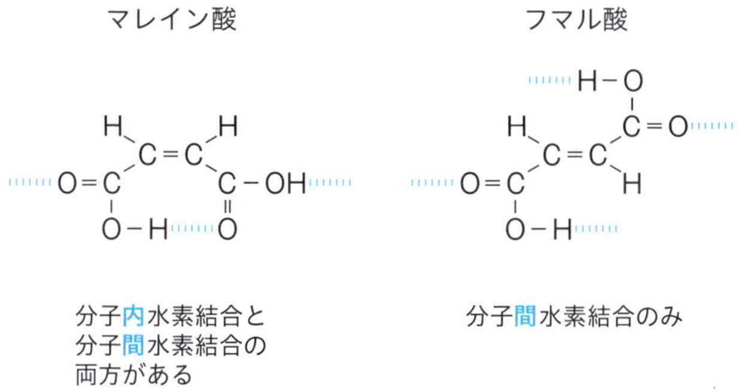

マレイン酸	フマル酸

分子内水素結合と
分子間水素結合の
両方がある

分子間水素結合のみ

図1　マレイン酸とフマル酸の水素結合の違い

　分子間での水素結合が多いフマル酸の方が，分子どうしを引き離すためにより多くのエネルギーを要します。よって，マレイン酸は融点が低く，フマル酸は融点が高くなります。実際，

　マレイン酸の融点（133℃）＜フマル酸の融点（300℃）

という関係にあります。

エステルを合成するときに，濃硫酸を加えるのはなぜですか？

 回答

　質問 67 で濃硫酸の主な性質を紹介しましたが，エステル化では**触媒として濃硫酸を利用**します。

　カルボン酸とアルコールからエステルを生成する反応は，そのままでは非常に遅いです。また，エステル化反応は可逆反応で平衡状態になるため，反応させる物質をすべてエステルにすることはできません。反応式で表すと下記のようになります。

$$RCOOH + R'OH \rightleftharpoons RCOOR' + H_2O$$
（R は H または炭化水素基，R′ は炭化水素基）

　ここに濃硫酸を加えると，反応が速く進むのです。理由は次の 2 つです。

① 　濃硫酸の H^+ がきっかけとなり，エステル反応が始まりやすくなる。

② 　生成された水が濃硫酸の吸湿作用により除かれるため，ルシャトリエの原理で反応が右に進みやすい。

　厳密な説明は大学レベルになるため，上記がわかっていれば大丈夫でしょう。

質問 76

セッケンが汚れを落とす仕組みを教えてください。

 回答

セッケンはどんな分子からできているか？

　セッケンは，高級脂肪酸 RCOOH（通常炭素数が 6 以上のもの）のナトリウム塩からなります。つまり，RCOONa と表されます。

　セッケンは右の図 1 のように，極性のない鎖状の炭化水素基からなる疎水基と，極性の強い –COO⁻ の親水基からできているのですが，この構造がミソです。

疎水基　　　　親水基

図 1　セッケンの構造

セッケンの洗浄作用

　セッケンは "汚れを落とす" わけですが，汚れには 2 種類あります。

　1 つは水溶性の汚れです。しかし，これは水で洗えば取れるのでセッケンを持ち出すまでもありません。もう 1 つは油溶性の汚れ。これは水に溶けないので落ちません。

　そこでセッケンの登場です。右の図 2 とあわせて，どのような順序でセッケンが汚れを取るのか見てみましょう。

1. セッケンの疎水基の部分が汚れに付着して囲みます。

図 2　セッケンが油溶性の汚れを取る仕組み

2. 汚れが繊維から取れると，親水基を外側にして「ミセル」というコロイド粒子を形成し，水中に浮流します。

　こうして，油溶性の汚れを取るわけです。

第 3 章　有機化学

けん化価・ヨウ素価の計算で何をしているのかわかりません。

A 回答

　けん化価・ヨウ素価はどちらも，油脂について情報を与えてくれる数値です。**けん化価からは油脂の平均分子量**がわかり，**ヨウ素価からは油脂の不飽和度**がわかります。

　そもそも油脂とは，グリセリン 1 分子に高級脂肪酸 3 分子が結合した 3 価のエステルです。

$$
\begin{array}{l}
CH_2-OH \\
CH-OH \quad + \\
CH_2-OH \\
\text{グリセリン}
\end{array}
\quad
\begin{array}{l}
\overset{O}{\underset{\|}{R_1-C-OH}} \\
\overset{O}{\underset{\|}{R_2-C-OH}} \\
\overset{O}{\underset{\|}{R_3-C-OH}} \\
\text{高級脂肪酸}
\end{array}
\quad \longrightarrow \quad
\begin{array}{l}
\overset{O}{\underset{\|}{CH_2-O-C-R_1}} \\
\overset{O}{\underset{\|}{CH-O-C-R_2}} \\
\overset{O}{\underset{\|}{CH_2-O-C-R_3}} \\
\text{油脂}
\end{array}
\quad + \; 3H_2O
$$

　油脂を構成する脂肪酸にはさまざまな種類があるので，構造を 1 つに決めることができません。よって，けん化価からわかることは平均の分子量で，ヨウ素価からわかる不飽和度も平均でしかない点には注意しましょう。

けん化価

　実際に与えられたけん化価から，平均分子量を求めてみましょう。けん化価を α，その油脂の平均分子量を M としたとき，M が α で表せたらいいですね。

　けん化価とは，**油脂 1 g をけん化（＝油脂を水酸化カリウムなどのアルカリで加水分解すること）するのに必要な水酸化カリウムの質量〔mg〕**のことです。

とにかく，けん化価とは水酸化カリウムの質量〔mg〕のことなので，物質量〔mol〕に直したいと思ってほしいです。KOH は 56 g/mol なので，KOH の物質量は，

$$\frac{\alpha \times 10^{-3}}{56} \text{〔mol〕}$$ ですね。

これが油脂 1 g と反応したということです。油脂 1 g の物質量は，平均モル質量 M〔g/mol〕を使うと $\frac{1}{M}$〔mol〕と表せます。

では，水酸化カリウムと油脂は物質量比で何対何で反応するかというと，反応式は，

$$C_3H_5(OCOR)_3 + 3KOH \longrightarrow C_3H_5(OH)_3 + 3RCOOK$$

であるので，油脂：水酸化カリウム＝1：3 となり，

$$\frac{1}{M} : \frac{\alpha \times 10^{-3}}{56} = 1 : 3$$

$$\frac{1}{M} = \frac{\alpha \times 10^{-3}}{3 \times 56}$$

から，M を求めることができます。

ヨウ素価

ヨウ素価とは，**油脂 100 g に付加するヨウ素 I_2 の質量〔g〕のこと**です。

なぜヨウ素が付加するかというと，油脂 1 分子にはいくつかの二重結合（C＝C）が含まれる場合があるからです。これに I_2 が付加します（そしてヨウ素の色が消えます）。

一般に，油脂に三重結合は含まれないので，ヨウ素 I_2 が 1 分子付加したら，二重結合が 1 つ含まれているということを意味します。

$$\underset{\substack{\text{炭素の二重結合} \\ \text{1つ}}}{\diagdown C = C \diagup} + \underset{\substack{\text{ヨウ素} \\ \text{1分子}}}{I_2} \longrightarrow -\overset{I}{\underset{|}{C}} - \overset{I}{\underset{|}{C}} -$$

では，実際にヨウ素価 β から油脂の二重結合の数を求めてみましょう。すでに平均モル質量 M〔g/mol〕は求まっている前提です。

ここでも，ヨウ素価 β はヨウ素 I_2 の質量〔g〕のことなので，物質量〔mol〕に直したいと思ってほしいです。ヨウ素 I_2 は 254 g/mol なので，$\dfrac{\beta}{254}$〔mol〕だけ付加したことになります。

　これは，油脂 100 g あたりに付加した I_2 の物質量，つまり油脂 $\dfrac{100}{M}$〔mol〕あたりに付加した I_2 の物質量ということです。よって，$\dfrac{\beta}{254} \div \dfrac{100}{M}$ を計算すると，1分子あたりの二重結合の数が求まります。

　ヨウ素価が大きいほど，$C = C$ 結合の数が多く，不飽和度が大きいということです。

類題にチャレンジ 31

解答 → 別冊 p.23

　ある油脂 260 g を完全にけん化するのに水酸化カリウムは 50.4 g 必要であった。この油脂の平均分子量を有効数字 3 桁で答えよ。ただし，原子量は H = 1.0，O = 16，K = 39 とする。

（秋田大）

質問 78

ベンゼンは付加反応より置換反応の方が起こりやすいのはなぜですか？

A 回答

　一般的な二重結合においては，もとの結合を切って違うものを置換するよりも，付加反応の方が必要なエネルギーが低く，断然起きやすいです。

　しかし，ベンゼンはケクレ構造という非常に安定した構造をとっています。他の物質と反応するときに，付加反応だと安定なケクレ構造が壊れてしまうため，**ベンゼンはケクレ構造を保てる置換反応の方が起きやすい**のです。

　ただし，ベンゼンでも条件によっては水素や塩素が付加することもあります。たとえば，ニッケル Ni やパラジウム Pd，白金 Pt などを触媒として高温高圧下でベンゼンに水素を付加させると，シクロヘキサンが生成します。

$$\text{ベンゼン} + 3H_2 \xrightarrow[\text{高温高圧}]{\text{Ni 触媒}} \text{シクロヘキサン}$$

　触媒を使う上に，高温高圧下でないと付加反応が起きないということは，それだけベンゼンが安定だということです。

また，ベンゼンに光や紫外線を照射して塩素を付加させると，下に示すように，ベンゼンヘキサクロリド（ヘキサクロロシクロヘキサン）が生成します。

ベンゼンヘキサクロリド
（ヘキサクロロシクロヘキサン）

質問 79

アルコールの－OHは中性なのに，フェノール類の－OHは弱酸性を示すのはなぜですか？

A 回答

　前提として，ヒドロキシ基－OHのO－H間の結合は強いためH⁺を放出しづらいです。よって，アルコールは中性です。一方，フェノールはベンゼン環と結合していることでH⁺を放出しやすくなっており，その結果，弱酸性を示します。

　では，どうしてフェノールはH⁺を放出しやすいのでしょうか？それは，**フェノールの－OHがH⁺を放出した後の構造が安定しているから**です。フェノールの－OHがH⁺を放出すると，O原子の非共有電子対がベンゼン環に分散し，非局在化*して安定します。

　*電子が1箇所に留まらず広い範囲に分布することを，電子の非局在化といいます。共鳴
　も同じ意味で，非局在化や共鳴をすることで安定化します。

　ただし，ベンジルアルコールの－OHは直接ベンゼン環に結合していないので，上記のような非局在化が起こらず，中性を示します。

ベンジルアルコール

　ちなみに，カルボン酸が弱酸性を示すのも，カルボン酸はH⁺放出後，O原子の非共有電子対が非局在化するからです。たとえば酢酸は，H⁺を放出すると次のように共鳴します。

質問 80

サリチル酸が他のヒドロキシ安息香酸より酸性が強いのはなぜですか？

A 回答

　サリチル酸とは，ベンゼン環に−OHと−COOHが1つずつ，オルト位に置換している化合物です。サリチル酸の異性体には，ベンゼン環に−OHと−COOHがメタ位とパラ位に結合したヒドロキシ安息香酸があります。

| サリチル酸 | m-ヒドロキシ安息香酸 | p-ヒドロキシ安息香酸 |

　これらの異性体のうち，サリチル酸だけが他2つと比べて酸性が非常に強いです。それはサリチル酸の第一電離（カルボキシ基から水素が電離する）で生じたサリチル酸イオンが，分子内の水素結合によって極めて安定な構造になるからです。放出後に安定した構造になる，すなわちH⁺を放出しやすいということです。

　サリチル酸はH⁺を1つ放出することで，右に示したように分子内で水素結合（-----）を形成し，安定した構造をとっています。実際，この3つの化合物で第一電離の平衡定数（K_1）と第二電離の平衡定数（K_2）を確認してみると，以下のようになっています。

$K_1 = 1.8 \times 10^{-3}$ mol/L
$K_2 = 4.0 \times 10^{-13}$ mol/L

$K_1 = 7.8 \times 10^{-5}$ mol/L
$K_2 = 1.1 \times 10^{-10}$ mol/L

$K_1 = 2.8 \times 10^{-5}$ mol/L
$K_2 = 3.3 \times 10^{-10}$ mol/L

K_1 の値は，サリチル酸が他 2 つのヒドロキシ安息香酸より約 10^2 倍大きくなっています。確かに，サリチル酸だけが他の異性体と比べて酸性が強いことがわかります。

一方，K_2 の値は，サリチル酸が他 2 つのヒドロキシ安息香酸より小さくなっています。

これは，サリチル酸が H$^+$ 放出後に安定な構造となり，第二電離が抑制されたからなのです。

サリチル酸は H$^+$ を放出しなくても，右のように分子内で水素結合し，安定はしています。実際，サリチル酸の第一電離の平衡定数は $K_1 = 1.8 \times 10^{-3}$ mol/L であり，平衡は反応物側に偏っているといえます。サリチル酸の分子式を **A** で表すと，

$$K_1 = 1.8 \times 10^{-3}\,\mathrm{mol/L} = \frac{[\mathrm{A^-}][\mathrm{H^+}]}{[\mathrm{A}]}$$

この値が小さいので… ←分子の値は小さい ←分母の値は大きい

ということは……

多い　　　　少ない

つまり，他の異性体と比べたら H$^+$ を放出しやすいというだけで，サリチル酸は H$^+$ を放出しなくても比較的安定しています。そのため，みなさんご存知の通り，酸の強さの序列は次のようになっているのですね。

スルホン酸＞カルボン酸（サリチル酸を含む）＞炭酸＞フェノール類

質問 81

アニリンから塩化ベンゼンジアゾニウムを得る反応で，5℃以下に温度を下げるのはなぜですか？

A 回答

　アニリンに希塩酸を加え，5℃以下に冷却しながら亜硝酸ナトリウム水溶液を少しずつ反応させると，塩化ベンゼンジアゾニウム $C_6H_5N_2{}^+Cl^-$ が得られます。

$$\text{アニリン} \quad -NH_2 + 2HCl + NaNO_2 \xrightarrow{\text{5℃以下}} -N^+\equiv NCl^- + NaCl + 2H_2O$$
アニリン　　　　　　　　　　　　　　　　塩化ベンゼンジアゾニウム

> 　$-N^+\equiv N$ を含む化合物をジアゾニウム化合物といい，ジアゾニウム塩を生じる反応をジアゾ化とよびます。なお，ジアゾとはジ(2)アゾ(窒素)の意味です。

　この反応を 5℃以下で行わなければならない理由は，塩化ベンゼンジアゾニウムが非常に不安定だからです。**温度が上がると加水分解が起こり，窒素が脱離してフェノールが生成**してしまいます。

$$-N^+\equiv NCl^- + H_2O \xrightarrow{\text{加水分解}} -OH + N_2\uparrow + HCl$$
　　　　　　　　　　　　　　　　　　フェノール　　窒素

　窒素分子 N_2 は非常に安定な物質ですので，塩化ベンゼンジアゾニウムの一部として存在しているよりも，窒素分子 N_2 として存在したいのですね。

02　高分子化合物

質問 82

スクロースが還元性を示さないのはなぜですか？

A 回答

　還元性を示す糖は**ヘミアセタール構造**をもっています。ヘミアセタール構造とは，次の図1の**青**で囲まれた部分のように，**同一炭素にヒドロキシ基（−OH）とエーテル結合（−O−）を1つずつ含んだ構造**のことをいいます。

図1　グルコースのヘミアセタール構造

　　図1のグルコースでいえば，α-グルコース，β-グルコースの1番のCが，−OHと−O−と結合していますね。

　ヘミアセタール構造があると開環し，ホルミル基（図1の**赤**で囲まれた部分）をもつようになるため還元性を示すのです。

スクロースはヘミアセタール構造をもつか？

スクロースは，α-グルコースのヘミアセタール構造の一部であるヒドロキシ基と，β-フルクトースのヘミアセタール構造の一部であるヒドロキシ基が脱水縮合してできています。還元性を示す部分どうしで脱水縮合してしまい，ヘミアセタール構造をもたないので，還元性を示しません（図2）。

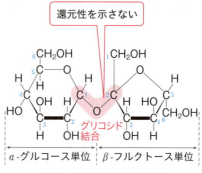

図2　スクロースの構造

多糖類は還元性を示すヘミアセタール構造をもつのに，還元性を示さない？

多糖類は，次の図3に示したアミロースのように，片端にのみ還元性を示す部分があります。多糖類は分子量が非常に大きく，還元性を示す部分の及ぼす影響は非常に小さいため，還元性は示しません。

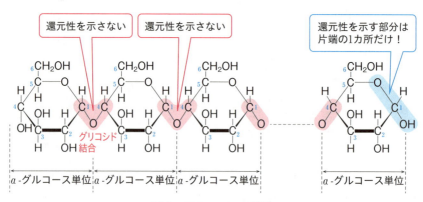

図3　アミロースの構造

類題にチャレンジ 32

解答 → 別冊 p.24

次の二糖ア〜オのうち，その水溶液が還元性を示すものをすべて選び，記号で答えよ。

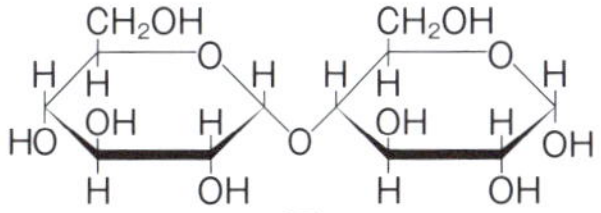

ア

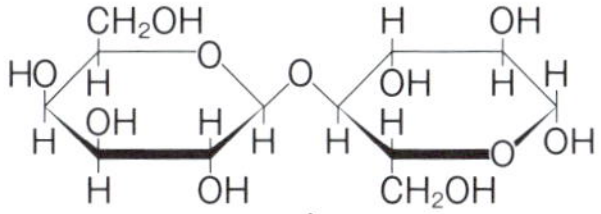

イ

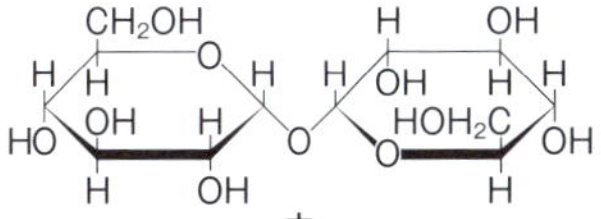

ウ

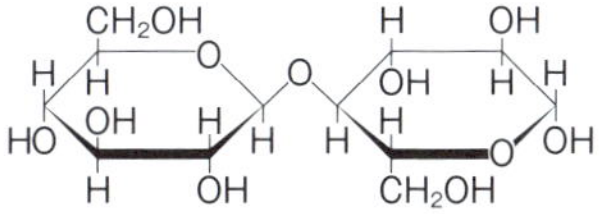

エ

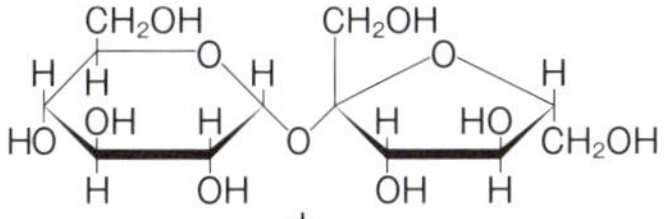

オ

（茨城大）

α-アミノ酸が教科書に出てきますが，β-アミノ酸もあるのですか？

回答

結論から言うと，あります。

1 分子中にアミノ基 $-NH_2$ とカルボキシ基 $-COOH$ をもつ化合物をアミノ酸といいます。特に，カルボキシ基とアミノ基が**同一炭素原子に結合**しているアミノ酸を α-アミノ酸といいます。

なぜ α-アミノ酸とよぶかというと，カルボキシ基が結合している C 原子から順に，α 炭素，β 炭素，γ 炭素…と名付けているからです。

$$-\overset{\gamma}{C}-\overset{\beta}{C}-\overset{\alpha}{C}-COOH$$

そのため，β 炭素にアミノ基をもつアミノ酸を β-アミノ酸，γ 炭素にアミノ基をもつアミノ酸を γ-アミノ酸，……と続いていきます。

$$\underset{\substack{| \\ NH_2}}{-C}-COOH \qquad \underset{\substack{| \\ NH_2}}{-C}-C-COOH \qquad \underset{\substack{| \\ NH_2}}{-C}-C-C-COOH$$

α-アミノ酸 　　　　 β-アミノ酸 　　　　　 γ-アミノ酸

質問 **84**

化学

重合度は何のためにあるのですか？

A 回答

　高分子化合物は，単量体（モノマー）が多数重合してできています。重合によってできた高分子を重合体（ポリマー）といい，重合体1分子を構成する繰り返し単位の数を重合度といいます。

　つまり，**重合度 n を求めることで，繰り返し単位の数 n が求まる**ということです。

$$n\ HO-\overset{\overset{O}{\|}}{C}-\!\!\!\overbigcirc\!\!\!-\overset{\overset{O}{\|}}{C}-OH\ +\ n\ HO-CH_2-CH_2-OH$$

テレフタル酸　　　　　　　エチレングリコール
　　　　　　　　　　　　　（1, 2-エタンジオール）

$$\longrightarrow\ \left[\overset{\overset{O}{\|}}{C}-\!\!\!\overbigcirc\!\!\!-\overset{\overset{O}{\|}}{C}-O-CH_2-CH_2-O\right]_n\ +\ 2n\ H_2O$$

ポリエチレンテレフタラート

　高分子化合物の場合，この重合度は極めて大きくなります。一般に，高分子化合物の場合，重合度は100以上の大きな数になります。

類題にチャレンジ 33

解答 → 別冊 p.24

　次に示す繰り返し単位をもつ合成高分子化合物（平均分子量 1.78×10^4）について元素分析を行ったところ，炭素原子と塩素原子の物質量の比は $3.5 : 1$ であった。m の値として最も適当な数値を，下のア～カのうちから一つ選べ。

$$\left[\begin{array}{c}CH_2-CH\\|\\CN\end{array}\right]_m\left[\begin{array}{c}CH_2-CH\\|\\Cl\end{array}\right]_n$$

繰り返し単位　　繰り返し単位
の式量 53.0　　　の式量 62.5

ア　50　　イ　100　　ウ　130　　エ　170　　オ　200　　カ　250

（センター試験）

第3章　有機化学

02 高分子化合物　183

大学入試

わかっていそうで，わかっていない

化学の質問
84

［化学基礎・化学］

別 冊

［類題にチャレンジ］ 解答・解説

旺文社

大学入試

わかっていそうで，わかっていない

化学の質問

[化学基礎・化学]

84

別 冊

［類題にチャレンジ］解答・解説

旺文社

もくじ ■類題にチャレンジ 解答と解説■

01 物質の構成

類題にチャレンジ 1
問題 → 本冊 p.12

問1　（あ）原子　　（い）元素　　（う）原子　　（え）元素　　（お）元素
問2　（A）陽子　　（B）中性子　　（C）（原子の）相対質量　　（D）37

> **解説**　問1　宇宙には数千種類の原子が存在するといわれていますが，そのうち陽子数が同じものを総称したのが元素です。炭素元素に分類される原子はすべて陽子数が 6 ですが，中性子数は 6 のものや 8 のものがあります。この関係がわかっていれば，（あ）〜（お）は埋められるはずです。

問2　用語の暗記は必要ですが，質量数が相対質量とほぼ同じであるといった用語どうしの関係性についても理解している必要があります。

類題にチャレンジ 2
問題 → 本冊 p.13

ア，イ，オ

> **解説**　同じ元素からなる単体で性質が異なるものということは，同素体を選べばよいので，硫黄 S，炭素 C，酸素 O，リン P のいずれかであることがわかります。アのカーボンナノチューブも炭素であることに注意しましょう。

類題にチャレンジ 3
問題 → 本冊 p.18

イ，オ

> **解説**　イ：再結晶とは融点の差ではなく，溶解度の差を利用して分離する方法です。オ：クロマトグラフィーとは，浸透圧の差ではなく，シリカゲルへの吸着のしやすさで分離する方法です。

オ

解説　ア：ボーキサイトを精製してアルミニウムの単体ができる話をしているので，**単体**の意味です。なお，ボーキサイトは酸化アルミニウム Al_2O_3 を主成分とする鉱石です。

イ：$N_2 + 3H_2 \longrightarrow 2NH_3$ のように合成できるので，**単体**の意味です。「合成される」ではなく「構成される」や「からなる」であれば，元素の意味になるので注意が必要です。

ウ・エ：他種類の元素と結合していないので，**単体**の意味です。

オ：歯や骨に含まれるカルシウムは例題と同様，**元素**の意味です。

問題 → 本冊 p. 38

類題にチャレンジ 5

ア

解説　2価の陽イオンになりやすい2族の元素（Be や Mg）において低く，1族の元素（Li や Na）において急激に高くなっている図を選べばよいです。

03 粒子の結合と結晶

問題 → 本冊 p. 45

類題にチャレンジ 6

問1　A：静電的な引（静電気，クーロン）　　B：配位数
問2　外部から力を加えると，イオンの位置がずれ，同符号のイオンが接近してしまい反発するから。（43字）

解説　原子間に何かしらの引力がはたらかなければ結晶にはなりません。イオン結晶は静電気的な引力で結びついており，だからこそ外部からの力にもろいという性質をもつことも説明できます。すべてを関連付けるとすんなり頭に入ってくるでしょう。

問題 → 本冊 p. 49

類題にチャレンジ 7

ダイヤモンド：イ　　　グラファイト：エ
フラーレン：ア　　　　カーボンナノチューブ：ウ
（説明）　ダイヤモンドは4つの価電子すべてが共有結合に使われ，正四面体構造をしていて安定しているため硬い。また，自由電子をもたないため電気伝導性がない。一方，グラファイトは3つの価電子が共有結合して平面層状構造を形成しており，層と層がファンデルワールス力で結ばれているため軟らかく，もろい。また，自由電子を1つもつため，電気伝導性をもっている。

解説　カーボンナノチューブはその名の通りチューブ状，フラーレンはサッカーボール状の構造をとります。ダイヤモンドは1つの炭素原子が4つの炭素原子と結合しているのに対し，グラファイト（黒鉛）は1つの炭素原子が3つの炭素原子と結合してシート状の構造となり，それが層構造となっています。選択問題は，これらの知識があれば選べます。
　説明問題は，まさに本冊の質問21で解説した内容が理解できていれば解けます。

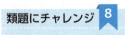
CO_2, $C_{10}H_8$, H_2O, S_8

解 説　イオン結晶，共有結合の結晶を消去していくと解きやすいです。

　イオン結晶は金属元素と非金属元素からなり，選択肢の中では硫化亜鉛と炭酸カルシウムが該当します。共有結合の結晶は C，Si，SiO_2，SiC を覚えていれば十分で，選択肢の中では二酸化ケイ素が該当します。

　残った物質（ドライアイス，ナフタレン，氷，斜方硫黄）が，分子結晶となりうる物質です。

04 酸と塩基

問題 → 本冊 p. 59

類題にチャレンジ 9

ア，エ，カ

解説 H^+ を与えている物質を選べばよいです。

問題 → 本冊 p. 61

類題にチャレンジ 10

エ

解説 ア：正しいです。酢酸は弱酸なので，一部が電離しています。

イ：正しいです。水酸化ナトリウム水溶液の濃度が 0.10 mol/L なので，この水溶液の水素イオン濃度 $[H^+]$ は

$$[H^+] = \frac{1.0 \times 10^{-14}}{1.0 \times 10^{-1}} = 1.0 \times 10^{-13} \, \text{mol/L}$$

よって，pH は 13 となります。

ウ：正しいです。調製した水溶液のモル濃度は，

$$5.0 \, \text{mol/L} \times \frac{10}{1000} \, \text{L} \times \frac{1000}{500} = 0.10 \, \text{mol/L}$$

となります。

エ：誤っています。中和に要する水酸化ナトリウムの体積が 10 mL であったとき，もとの酢酸水溶液の濃度を x〔mol/L〕とすると，

$$0.10 \, \text{mol/L} \times \frac{10}{1000} \, \text{L} \times 1 = x \, \text{〔mol/L〕} \times \frac{20}{1000} \, \text{L} \times 1$$

$$x = 0.050 \, \text{mol/L}$$

となります。

中和では電離度は関係ないため，計算に使わないよう注意しましょう。

類題にチャレンジ 11

問題 → 本冊 p. 68

問 1　$NaOH + CO_2 \longrightarrow NaHCO_3$

（$2NaOH + CO_2 \longrightarrow Na_2CO_3 + H_2O$ でも可）

問 2　潮解

問 3　（あ）イ　　（い）ア

解説　問 3　非常に基本的な問題ですが，引っかからないように気をつけましょう。たとえば粒状の水酸化ナトリウム 1 g 量りとった場合を想定すると，そのうち水酸化ナトリウムが 0.8 g，水や二酸化炭素が 0.2 g のようになっているかもしれません。よって，水酸化ナトリウムだけを含んでいると考えた場合よりも，水酸化ナトリウムの物質量は小さくなります。

0.250 mol/L

解説 過マンガン酸カリウムの過マンガン酸イオンは酸化剤としてはたらくので，過酸化水素は還元剤としてはたらきます。

過酸化水素と過マンガン酸イオンの酸化還元反応は，次の e^- を含むイオン反応式で表されます。

$$H_2O_2 \longrightarrow 2H^+ + O_2 + 2e^-$$
$$MnO_4^- + 8H^+ + 5e^- \longrightarrow Mn^{2+} + 4H_2O$$

よって，過酸化水素水の濃度を x 〔mol/L〕とすると，次の式が成り立ちます。

$$x \times \frac{10.0}{1000} \times 2 = 0.0500 \times \frac{20.0}{1000} \times 5$$

これを解くと，$x = 0.250$ mol/L となります。

06 物質の状態

問題 → 本冊 p.89

類題にチャレンジ 13

あ：13.6   い：5.95×10^4 う：111

解説   　あ　　求める密度を x〔g/cm^3〕とします。大気圧下，温度 293 K の同じ状態のとき，管内が水でも水銀でも大気圧と等しくなっているはずなので，管の断面積を $1\ cm^2$ とし，水のときの圧力と水銀のときの圧力が等しくなることから等式を立てると，

$$1030\ cm \times 1\ cm^2 \times 1.00\ g/cm^3 = 76\ cm \times 1\ cm^2 \times x \ 〔g/cm^3〕$$

となります。これを解くと，$x ≒ 13.6\ g/cm^3$ となります。

　い　　水銀柱の高さが 760 mm のとき大気圧 1.01×10^5 Pa とつり合っていたので，求める飽和蒸気圧は，ジエチルエーテルによって減った液面分の 760 mm − 312 mm ＝448 mm による圧力に等しく，

$$1.01 \times 10^5\ Pa \times \frac{448}{760} ≒ 5.95 \times 10^4\ Pa \ となります。$$

　う　　温度を変化させても，水銀面を大気圧が 1.01×10^5 Pa の力で押していることは変わりません。なので，管内の水銀面に及ぼす力もこの力と等しくなります。303 K でのジエチルエーテルの飽和蒸気圧 8.63×10^4 Pa は水銀柱に換算すると，

$$\frac{760\ mm \times 8.63 \times 10^4\ Pa}{1.01 \times 10^5\ Pa} = 649.3\ mm$$

となります。よって，管内の水銀の液面の高さは，760 mm − 649.3 mm ≒ 111 mm です。

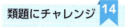
0.064 g

解説 物質量を元に考えるのが定石です。水温が一定なので，ヘンリーの法則を用いることができます。まず，100 kPa の圧力下の状態では標準状態に換算して 0.032 L 溶解したことから，$\dfrac{0.032}{22.4}$ mol の物質量が溶けたことがわかります。このように物質量〔mol〕で考える癖をつけましょう。

水の体積が 0.70 倍になっており，圧力は 200 kPa と 2 倍になっているので，溶ける酸素の質量は，

$$0.70 \times 2 \times \frac{0.032}{22.4}\ \text{mol} \times 32\ \text{g/mol} = 0.064\ \text{g}$$

となります。

問1 塩化カルシウム 問2 2.1 g

解説 問1 塩化ナトリウム NaCl と塩化カルシウム $CaCl_2$ はどちらも完全に電離します。

$NaCl \longrightarrow Na^+ + Cl^-$

$CaCl_2 \longrightarrow Ca^{2+} + 2Cl^-$

よって，たとえばそれぞれ 1 mol 溶かしたとすると，塩化ナトリウムは 2 mol，塩化カルシウムは 3 mol になります。沸点上昇の公式は，

$$\Delta T_b = K_b m$$

ΔT_b：沸点上昇度

K_b：モル沸点上昇〔K·kg/mol〕（定数：溶媒に固有）

m：質量モル濃度〔mol/kg〕

と表され，質量モル濃度に比例するので，**塩化カルシウム**の方が高くなります。

問2 混合物に含まれる塩化ナトリウムの質量を x〔g〕とすると，塩化カルシウムは $5.0-x$〔g〕となります。沸点上昇度は 0.078 K なので，$\Delta T_b = K_b m$ の公式に当てはめると，

$$0.078 = 0.52 \times \left\{ \frac{2x}{58.5} + \frac{3(5.0-x)}{111} \right\}$$

これを解くと，$x ≒ $ **2.1 g** となります。

問1 **イ，ウ**

問2 溶媒のみが凝固していくため，溶液中の溶質の割合が高くなり，質量モル濃度が増加し，凝固点が徐々に下がっていくため。（56字）

問3 $T_a - T_c$

解説 問1 過冷却の状態から急速に温度が上昇しているところ（点**イ**）から固体ができ始めます。過冷却が終わり，直線的に温度が下がっているところ（点**ウ**）でも固体と液体が共存しています。

問3 B の凝固点は T_c になることに注目します。

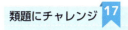

0.83

解説 会合度を γ とし，酢酸の濃度を C_m〔mol/kg〕とすると，会合する酢酸の濃度は $C_m\gamma$〔mol/kg〕と表せます。質問 46 の回答と同様に考えると，会合後の溶液の濃度は $C_m\left(1-\dfrac{1}{2}\gamma\right)$〔mol/kg〕なので，凝固点降下の式より，

$$\Delta T_f = K_f C_m\left(1-\frac{1}{2}\gamma\right) \quad (※K_f はモル凝固点降下)$$

となります。

これに，$\Delta T_f = 5.53 - 4.93 = 0.60$，$K_f = 5.12$，$C_m = \dfrac{1.2}{60} \div 0.100 = 0.20\ \text{mol/kg}$ を代入すると，$\gamma \fallingdotseq 0.83$ となります。

0.667 mol/kg

解説 求める質量モル濃度を m〔mol/kg〕とします。塩化カルシウム 1 mol は 1 mol の Ca^{2+} と 2 mol の Cl^- に電離するので，凝固点降下度の式から，

$1.85 \times m \times 3 = 3.70$

これを解くと，$m \fallingdotseq 0.667\ \text{mol/kg}$ となります。

07 化学反応とエネルギー

類題にチャレンジ **19**　　　　　　　　　　　　　　　　問題 → 本冊 p. 114

-2.1×10^2

解説　燃焼熱は必ず発熱反応のため，符号が正になることに気を付け，それぞれ熱化学方程式を立てていきます。

$CH_4(気) + H_2O(気) = CO(気) + 3H_2(気) + Q [kJ]$　…①

$C(黒鉛) + 2H_2(気) = CH_4(気) + 75 kJ$　…②

$H_2(気) + \dfrac{1}{2} O_2(気) = H_2O(気) + 242 kJ$　…③

$C(黒鉛) + O_2(気) = CO_2(気) + 394 kJ$　…④

$CO(気) + \dfrac{1}{2} O_2(気) = CO_2(気) + 283 kJ$　…⑤

以上の熱化学方程式から，

①は④−②−⑤−③で求められます。よって，

$Q = 394 - 75 - 283 - 242 = -206 \fallingdotseq -2.1 \times 10^2 kJ$

となります。

類題にチャレンジ **20**　　　　　　　　　　　　　　　　問題 → 本冊 p. 120

問1　(A) カ　　(B) エ　　(C) エ　　(D) イ

　　　(E) カ　　(F) エ　　(G) カ　((F)と(G)は順不同)

問2　陽極で生じた塩素と陰極で生じた水酸化物イオンが反応してしまうため。

解説　塩化ナトリウム水溶液の電気分解における陽イオン交換膜の役割と仕組みがわかっていれば解ける問題です。水酸化物イオンが，スルホ基（$-SO_3H$）と静電的反発をして陽イオン交換膜を通過できないことを知らなくても，陽イオン交換膜を通過するのがナトリウムイオンであることを知っていれば，自然と埋まりますね。

16

08 化学平衡

イ，ウ

解説　ア：全圧を高くすると，平衡は左に移動します。

イ：黒鉛を加えても，黒鉛は固体なので量自体は平衡に関係しません。よって，平衡は移動しません。

ウ：CO_2（気），CO（気）の分圧は変化しないので，平衡は移動しません。

エ：アルゴンの分圧を抜いた C（黒鉛）$+CO_2$（気）$\rightleftarrows 2CO$（気）の平衡の全圧は小さくなるので，平衡は気体の分子数が増える方向，つまり右に移動します。

オ：一酸化炭素のみを取り除くと，平衡は右に移動します。

問1　1.6×10^{-2}　　問2　2.7

解説　問1　最初に，弱酸 A の濃度 C〔mol/L〕を求めます。

$$C \times \frac{5.0}{1000} \times 1 = 0.10 \times \frac{6.0}{1000} \times 1 \text{ より，} C = 0.12 \text{ mol/L}$$

次に，弱酸 A の電離度 α を十分小さい（0.05 以下）と仮定して解いていきます。

$\alpha = \sqrt{\dfrac{K_a}{C}}$ を用いると，

$$\alpha = \sqrt{\frac{3.0 \times 10^{-5}}{0.12}} = \sqrt{250} \times 10^{-3} \fallingdotseq 1.6 \times 10^{-2} \text{ と求まります。}$$

$1.6 \times 10^{-2} < 0.05$ なので，1.6×10^{-2} をそのまま解として使うことができます。

問2　pH を求めるには H^+ の濃度を求めることが必要です。$[H^+] = C\alpha = \sqrt{CK_a}$ より，

$$[H^+] = \sqrt{0.12 \times 3.0 \times 10^{-5}} = 6 \times 10^{-3.5} \text{ mol/L}$$

$$pH = -\log_{10}[H^+] = -\log_{10}(6 \times 10^{-3.5}) = -\log_{10} 2 - \log_{10} 3 + 3.5 = -0.30 - 0.48 + 3.5 \fallingdotseq 2.7$$

と求まります。

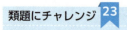
問1 4.6 　　問2 4.3

解説 　問1 　酢酸と酢酸ナトリウムを同量加えた緩衝液の pH を求めさせる問題です。これらは，質問 58 で説明したように共存しますので，それぞれ 0.30 mol/L ずつ存在するものとして考えます。CH_3COOH と CH_3COO^- が平衡状態にあるときに満たす式は，

$$K_a = \frac{[CH_3COO^-][H^+]}{[CH_3COOH]}$$

であり，さらに $[CH_3COOH] = [CH_3COO^-]$ なので，$[H^+] = K_a$ となります。よって，求める pH は，

$$pH = -\log_{10}[H^+] = -\log_{10}(3.0^3 \times 10^{-6}) = 6 - 3 \times 0.48 = 4.56 \fallingdotseq 4.6$$

となります。

問2 　緩衝液に酸（または塩基）を加えた場合の挙動についても，質問 58 で説明した通りです。CH_3COO^- は，H^+ が存在すると CH_3COOH となって安定します。

　問1で調製した緩衝液は1Lでしたが，これを 100 mL とったので，ここに含まれる CH_3COOH と CH_3COO^- はともに 0.030 mol です。ここに，0.10 mol/L の塩酸 100 mL を加えていますが，H^+ を 0.010 mol 加えたのと同義です。この H^+ は CH_3COO^- と反応して CH_3COOH となり安定しますので，最終的には 200 mL 中に CH_3COOH が 0.040 mol，CH_3COO^- が 0.020 mol 存在することになります。

　CH_3COOH と CH_3COO^- が平衡状態にあるときに満たす式は，

$$K_a = \frac{[CH_3COO^-][H^+]}{[CH_3COOH]}$$

で，ここに $[CH_3COOH] = \dfrac{0.040}{0.200}$ mol/L，$[CH_3COO^-] = \dfrac{0.020}{0.200}$ mol/L を代入し，$[H^+]$ について解くと，

$$[H^+] = 2.0 \times K_a$$

となります。よって，求める pH は，

$$pH = -\log_{10}[H^+] = -\log_{10}(3.0^3 \times 10^{-6}) - \log_{10} 2.0 = 6 - 3 \times 0.48 - 0.30 = 4.26 \fallingdotseq 4.3$$

です。0.10 mol/L の塩酸を 100 mL も加えたのに，問1・問2の答えを見比べてみると，pH はほとんど変わっていませんね。緩衝液の役割が，計算を通してもわかってもらえたかと思います。

01 無機化学の実験操作

問題 → 本冊 p. 139

類題にチャレンジ 24

5.0×10^{-3} mol

解説　捕集した水素が入っているメスシリンダー内の圧力は大気圧と等しくなっていますが，水と接触しているので，メスシリンダー内は水素のほかに飽和水蒸気に満たされています。したがって，水素の圧力は，

（大気圧）−（その温度での水の飽和蒸気圧）

となります。

よって，メスシリンダー内の水素の圧力は，

$1.0 \times 10^5 \, \text{Pa} - 4.0 \times 10^3 \, \text{Pa} = 9.6 \times 10^4 \, \text{Pa}$

です。

あとはこの値を用いて，気体の状態方程式を解けばよいですね。捕集した水素の物質量を n〔mol〕とすると，次の通りになります。

$9.6 \times 10^4 \times 0.130 = n \times 8.3 \times 10^3 \times (27 + 273)$

これを解くと，$n \fallingdotseq 5.0 \times 10^{-3}$ mol となります。

02 無機物質の性質

問題 → 本冊 p.150

類題にチャレンジ 25

ウ

解説 ナトリウムはエタノールと反応し，水素を発生するのでエタノール中には保存できません。

$$2C_2H_5OH + 2Na \longrightarrow 2C_2H_5ONa + H_2$$

ナトリウムはエタノールではなく，石油中などに保存します。

類題にチャレンジ 26

問題 → 本冊 p.152

問1　硝酸や加熱した濃硫酸は酸化力が強いため。

問2　$Cu + 4HNO_3 \longrightarrow Cu(NO_3)_2 + 2H_2O + 2NO_2$

解説 問2　濃硝酸は $HNO_3(濃硝酸) + H^+ + e^- \longrightarrow NO_2 + H_2O$ のように反応するため，NO_2 が生成します。希硝酸の場合と濃硝酸との場合で反応式が変わってくるので注意が必要です。

類題にチャレンジ 27

問題 → 本冊 p.155

問1　（あ）13　　（い）3　　（う）化学式：$Al(OH)_3$　名称：水酸化アルミニウム

問2　$1.16 \times 10^9\,C$

問3　塩酸に溶解させたとき

　　$2Al + 6HCl \longrightarrow 2AlCl_3 + 3H_2$

　水酸化ナトリウム水溶液に溶解させたとき

　　$2Al + 2NaOH + 6H_2O \longrightarrow 2Na[Al(OH)_4] + 3H_2$

解説 問2　溶融塩電解でアルミニウムは陰極で $Al^{3+} + 3e^- \longrightarrow Al$ という反応をします。アルミニウム 1 mol を得るのに e^- が 3 mol 必要なのでこれを利用して，

$$1.08 \times 10^2\,kg \times \frac{10^3}{27.0\,g/mol} \times 3 \times 9.65 \times 10^4\,C/mol = 1.158 \times 10^9\,C \fallingdotseq \mathbf{1.16 \times 10^9\,C}$$

と求められます。

類題にチャレンジ 28

問題 → 本冊 p.157

（あ）6　　（い）0　　（う）1　　（え）2

解説　（あ）二重結合があることがわかっているので，炭素骨格がどのようなものがあるか考えると，以下の5種類があります。

$$C=C-C-C-C \qquad C-C=C-C-C \qquad C=C-C-C$$
$$\qquad\qquad\qquad\qquad\qquad\qquad\qquad\qquad\qquad\qquad\qquad\quad |$$
$$\qquad\qquad\qquad\qquad\qquad\qquad\qquad\qquad\qquad\qquad\qquad\quad C$$

$$C-C=C-C \qquad C-C-C=C$$
$$\quad\quad |\qquad\qquad\qquad\qquad\quad\quad |$$
$$\quad\quad C\qquad\qquad\qquad\qquad\quad\quad C$$

この5種類のうち，$C-C=C-C-C$ は，

のシス-トランス異性体をもつため，答えは 6 種類です。

（い）不斉炭素原子はないので 0 個です。

（う）プロピル基（$-CH_2-CH_2-CH_3$）をもつ異性体は 1 個です。

（え）水素を付加すると，分子式は C_5H_{12} となります。また，解答（あ）の6種類の異性体に水素を付加すると次の2種類のいずれかになります。よって，答えは 2 種類です。

$$CH_3-CH_2-CH_2-CH_2-CH_3 \qquad CH_3-CH_2-CH-CH_3$$
$$\qquad\qquad\qquad\qquad\qquad\qquad\qquad\qquad\qquad\qquad\quad |$$
$$\qquad\qquad\qquad\qquad\qquad\qquad\qquad\qquad\qquad\qquad\quad CH_3$$

あ：RCHO　　い：[Ag(NH$_3$)$_2$]$^+$　　う：RCOO$^-$　　え：Ag

解説　銀鏡反応では，アンモニア性硝酸銀水溶液中のジアンミン銀(Ⅰ)イオン [Ag(NH$_3$)$_2$]$^+$ が還元され，Ag が生成するのでした。これを知っていれば，e$^-$ を含むイオン反応式（半反応式）も自力でつくれるはずです。

$$[Ag(NH_3)_2]^+ + e^- \longrightarrow Ag + 2NH_3$$

NH$_3$ の分子数に注目すれば，　い　が [Ag(NH$_3$)$_2$]$^+$ であることはわかると思います。自動的に　あ　は RCHO となり，　え　は Ag となります。残りの原子と電荷を比較すれば，　う　は RCOO$^-$ とわかります。

あ：6　　い：4　　お：5　　か：5

え：C$_2$H$_5$COONa

解説　まず，生成する　う　はヨードホルムなので CHI$_3$ です。そして，反応する化合物を CH$_3$CH(OH)R とすると（R は H または炭化水素基），ヨードホルム反応において生成するもう一つの化合物　え　は，RCOONa となります。この問題では，R$-$ は C$_2$H$_5-$ ですから，　え　は C$_2$H$_5$COONa となります。

　次に，係数の　あ ・ い ・ お ・ か　を求めていきます。この時点までにわかっているものは以下の通りです。

$$CH_3-CH-CH_2-CH_3 + \boxed{あ}\,NaOH + \boxed{い}\,I_2$$
$$|$$
$$OH$$
$$\longrightarrow CHI_3 + C_2H_5COONa + \boxed{お}\,NaI + \boxed{か}\,H_2O$$

Na の数を右辺と左辺で見比べて等式を立てると，　あ　＝1＋　お　…①
同様にして，I についての等式は，2×　い　＝3＋　お　…②
O についての等式は，1＋　あ　＝2＋　か　…③
H についての等式は，10＋　あ　＝1＋5＋2×　か　…④
①～④式を解くと，　あ　＝6，　い　＝4，　お　＝5，　か　＝5 となります。

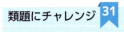
867

解 説　一般的なけん化の反応式は，

$$C_3H_5(OCOR)_3 + 3KOH \longrightarrow C_3H_5(OH)_3 + 3RCOOK$$

と表すことができるので，油脂の物質量は使用した水酸化カリウムの物質量の $\dfrac{1}{3}$ 倍

です。よって，求める平均分子量を M とすると，

$$\frac{260}{M} = \frac{50.4}{56} \times \frac{1}{3}$$

これを解くと，$M \doteqdot 867$ となります。

ア，イ，エ

解説　「二糖類で還元性がないのはスクロースだけだから……」などとは考えないでください。高校範囲を超えれば，還元性をもたない二糖類が多数存在します。単純に，ヘミアセタール構造をもっているかどうかを確認すればよいのです。ヘミアセタール構造とは，同一炭素にヒドロキシ基（−OH）とエーテル結合（−O−）を1つずつ含んだ構造のことでしたね。よって，ア，イ，エが答えとなります（青色の囲みがヘミアセタール構造）。

イ

解説　まず，平均分子量はわかっているので，

$$53.0m + 62.5n = 1.78 \times 10^4 \quad \cdots ①$$

という式が立てられます。また，炭素原子と塩素原子の物質量の比は 3.5：1 なので，

$$(3m + 2n) : n = 3.5 : 1 \quad \cdots ②$$

が成り立ちます。①，②を解くと，$m = 100$，$n = 200$ となります。

Obunsha